Raspberry Piで スーパーコンピュータを つくろう！

Carlos R. Morrison ――著
齊藤 哲哉 ――訳

共立出版

Build Supercomputers with Raspberry Pi 3

By Carlos R. Morrison

Copyright © Packt Publishing 2017.
First Published in the English language under the title
'Build Supercomputers with Raspberry Pi 3 (9781787282582)'

Japanese language edition published by
KYORITSU SHUPPAN CO., LTD.

形成期の私を励まし，

私が物理学に傾倒するのを支援してくれた

私の母ヴォルダ・O・モリソンに本書を捧げます．

そして，執筆を継続するよう励ましてくれた

妻のペータ・ゲイ，娘のカミール，ブリトニーにも捧げます．

最後に，小さい頃に私のたくさんの悪ふざけを我慢した

弟のラモンに捧げます．

まえがき

　本書では，高性能な 8 ノードもしくは 16 ノードの Pi2・Pi3 スーパーコンピュータを構築し操作する方法を説明します．PC に Linux オペレーティングシステムをインストールする方法と，Pi スーパーコンピュータを設定し，通信し，最終的に操作するために Linux オペレーティングシステムを利用する方法を，詳しく，手順に沿って示します．

　まず，PC 上で逐次版およびメッセージパッシングインターフェース（message passing interface; MPI）版の π（円周率）を求めるコードを書いて実行する方法を学びます．この PC は 1 ノードのスーパーコンピュータとして利用します．この知識を習得して，Pi の 1 ノード 4 コアのスーパーコンピュータを設定し，前述の MPI 版の π を求めるコードを実行します．次に，2 ノード 8 コアの Pi スーパーコンピュータを組み立てて，MPI 版の π を求めるコードを再度実行します．最後に，8 ノード 16 コアの Pi スーパーコンピュータを構築します．このスーパーコンピュータを用い，MPI 構文を利用した複雑な計算を実行します．

対象読者

　本書はマイクロコンピュータを用いたスーパーコンピュータの構築を学びたいと思っている愛好家やファンを対象としています．研究者にとっても本書は有益でしょう．プログラミングに関する前提知識は必要ですが，スーパーコンピュータに関する知識は不要です．

本書を読むために必要なもの

　PC にインストールされた Windows オペレーティングシステムにアクセスできる Linux オペレーティングシステムと，基本的な C 言語の知識が必要です．

本書の構成

第 I 部「スーパーコンピュータへようこそ」

第 1 章「スーパーコンピュータを始めよう」

　スーパーコンピューティングの考え方の全体像を示します．この章では，フォン・ノイマン型アーキテクチャ，フリンの古典的な分類法，スーパーコンピューティングの歴史的な観点，逐次・並列計算の手法，分析的な観点から処理速度向上が必要な理由について説明します．

第 2 章「1 ノードのスーパーコンピューティング」

　どのようにして 1 ノード（この例では PC）でスーパーコンピューティングを行うかを説明し，PC に Linux をインストールする方法を示します．それを使用して，逐次版と MPI 版

の π を求めるコードを実行します．次に，コアやプロセッサの間でタスクを割り当てるのに使われる，重要な for ループ構文について学びます．最後に，オイラー，ライプニッツ，ニーラカンタの無限級数の MPI コードを書いて（コピーして）実行し，π を生成します．

第 II 部「Pi スーパーコンピュータの構築」

第 3 章「最初の 2 ノードを準備する」

どのように 2 ノードの Pi スーパーコンピュータを構築するかを説明します．最初に，部品のリストを示します．その後，Pi マイクロコンピュータの起源とその技術仕様について学びます．次に，PC からマスターノードに必要な MPI テストコードを転送するために必要なマスターノードの設定方法を示します．最後に，2 ノード（マスターとスレーブ 1）のスーパーコンピュータの作成に向けて 1 つ目のスレーブノードを設定します．

第 4 章「固定 IP アドレスと hosts ファイルを設定する」

マスター，スレーブ 1，ネットワークスイッチの固定 IP アドレスを設定する方法を説明します．次に，hosts ファイルの設定方法を学びます．

第 5 章「すべてのノードに共通のユーザーを作る」

マスターノードで新規ユーザーを作成する方法，マスターノードで作成した新規ユーザーのパスワードを作る方法，スレーブ 1 ノードで新規ユーザーを作成する方法，スレーブ 1 ノードで作成した新規ユーザーのパスワードを作る方法を説明します．さらに，パスワードを使わずにノード間をシームレスに移動するために必要になる特別な鍵を，マスターノードで生成する方法，そして，この鍵をマスターノードからスレーブ 1 ノードにコピーする方法を学びます．次に，特別な鍵によるすべてのノードに対するシームレスなアクセスを楽にするために，マスターノードで .bashrc ファイルを編集します．

第 6 章「マスターノード上にマウント可能なディレクトリを作る」

ディレクトリ（フォルダ）を作成する mkdir コマンド，エクスポート（export）したディレクトリの権限を root ユーザーから新たなユーザーに変更する chown コマンド，マスターの Pi がマスターでエクスポートしたディレクトリをスレーブノードにエクスポートできる rpcbind コマンドの使用方法を説明します．また，マスターノードでエクスポートするディレクトリを容易にスレーブノードにエクスポートするために使われる exports ファイルの編集方法，nfs-kernel-server コマンドの使用方法，マスターノードでエクスポートするディレクトリをマウント可能にしてスレーブノードが利用するための起動スクリプト rc.local の編集方法，さらに，MPI コードが置かれているエクスポートするディレクトリを手動でマウントする mount コマンド，ファイルの中身を表示する cat コマンド，ファイルやコードをエクスポートするディレクトリにコピーする cp -a コマンド，与えられた問題に取り組むために任意のノードもしくはすべてのノードやコアに仕事を割り振る mpiexec -H コマンドの使用方法を学びます．

第 7 章「8 ノードを設定する」

8 ノードもしくは 16 ノードの Pi スーパーコンピュータをどのように設定するかを説明します．自動的に mount コマンドを実行するためにスレーブ 1 ノードで fstab ファイルを

編集する方法，MPI のテストコードが置いてあるエクスポートするディレクトリを自動的にマウントするためにスレーブ 1 ノードで `rc.local` ファイルを編集する方法，一時的な IP アドレスを反映するためにマスターノードとスレーブ 1 ノードで hosts ファイルを編集する方法，残りの 6 スレーブノードもしくは 14 スレーブノードのホスト名を編集する方法を示します．その後，SD formatter for Windows を使って残りのスレーブの SD カードをフォーマットする方法，および，Win32 Disk Imager を使ってスレーブ 1 の SD カードイメージをクラスタ内の残りのスレーブノードにコピーする方法を示します．そして，実際の IP アドレスを反映するために，マスターノードとスレーブノードの hosts ファイルをもう一度編集・更新し，スーパークラスタノードにある interfaces ファイルを編集し，最後にネットワークスイッチ上で残りのスレーブノードの MAC アドレスと IP アドレスを更新します．

第 8 章「スーパークラスタを試す」

Pi コンピュータをシャットダウンする `shutdown -h now` コマンドの使用方法，MPI 版の π を求める関数を驚くほど速く解く `mpiexec -H` コマンドの使用方法，そして，スーパーコンピュータを操作しやすくする bash スクリプトファイルを作成する方法を説明します．

第 III 部「実世界のアプリケーション」

第 9 章「実世界の数学アプリケーション」

正弦（sine），余弦（cosine），正接（tangent），自然対数（natural log）関数のテイラー級数の逐次版と MPI 版のコードを書いて実行する方法を説明します．

第 10 章「実世界の物理アプリケーション」

振動弦のための MPI コードを書いて実行する方法を説明します．

第 11 章「実世界の工学アプリケーション」

逐次版と MPI 版ののこぎり波信号のフーリエ級数のコードを書いて実行する方法を説明します．

表記法

本書では，さまざまな種類の情報を区別する文字書式が使われます．ここでは，これらの書式の例とそれぞれの意味を説明します．文書に出てくるソースコードの文字列，データベースのテーブル名，ディレクトリ名，ファイル名，ファイルの拡張子，パス名，ダミーの URL，ユーザーの入力，Twitter のハンドル名は，等幅フォントを用いて，例えば

```
shutdown -h now コマンドを使って終了するには…
```

のように表します．

すべてのコマンドラインの入出力は，次のように表記します．

```
alpha@Mst0:/beta/gamma $ time mpiexec -H Mst0,Mst0,Mst0,Mst0,Slv1,Slv1,
Slv1,Slv1,Slv2,Slv2 MPI_08_b
```

まえがき

重要語句は，太字で示します．また，メニュー名やダイアログボックス名，ボタン名，アイコン名などの画面上の部品は，例えば

Windows 7 のマシンでは，［システムとセキュリティ］をクリックし，［システム］［デバイスマネージャー］［プロセッサー］をクリックします．

のように，［ ］で括って表します．

 警告や注意事項はこのようなアイコンを使って示します．

用語の意味

- **NOOBS**（New Out Of Box Software）：Raspberry Pi に OS をインストールするインストーラ
- **Raspbian**：Raspberry Pi 財団の公式サポート OS
- **クラスタ**（cluster）：1 つのユニットとして一緒に動作するために接続されたコンピュータの集合
- **コア**（core）：命令を読み込んで，特定の機能を果たす処理装置
- **スーパークラスタ**（super cluster）：スーパーコンピュータと同義
- **スレッド**（thread）：現在処理されている一連のコマンド
- **ノード**（node）：単一のコンピュータ

謝辞

原稿を読み，Pi クラスタを構築しテストしてくださった Isaiah Blankson 博士に感謝いたします．

本書で使用しているコードは，共立出版ウェブサイトの本書のページ
 `http://www.kyoritsu-pub.co.jp/bookdetail/9784320124370`
からダウンロードできます．

※ Raspberry Pi は，Raspberry Pi 財団の商標です．

目次

第 I 部　スーパーコンピュータへようこそ

第 1 章　スーパーコンピュータを始めよう　　2

1.1	フォン・ノイマン型アーキテクチャ	3
1.2	フリンの古典的な分類法	5
1.3	歴史的な観点	5
	1.3.1　スーパーコンピュータの進化	5
	1.3.2　スーパーコンピュータの速度向上	8
1.4	逐次計算と並列計算	14
	1.4.1　逐次計算手法	14
	1.4.2　並列計算手法	15
1.5	処理速度向上の必要性	17
1.6	処理速度に関するさらなる分析的観点	22
1.7	役に立つ情報源	22
1.8	まとめ	23

第 2 章　1 ノードのスーパーコンピューティング　　24

2.1	Linux のインストール	25
2.2	PC のプロセッサ	25
2.3	プロセッサの技術的詳細にアクセスする	25
2.4	逐次版 π コードを書いて実行する	26
2.5	メッセージパッシングインターフェース	27
	2.5.1　基本の MPI コード	28
	2.5.2　MPI 版 π コード	29
	2.5.3　重要な MPI ループ構造	32
	2.5.4　MPI 版オイラーコード	34
	2.5.5　MPI 版ライプニッツコード	37
	2.5.6　MPI 版ニーラカンタコード	40
2.6	まとめ	43

viii

第 II 部　Pi スーパーコンピュータの構築

第 3 章　最初の 2 ノードを準備する　　46

3.1　部品一覧 46
3.2　Pi2/Pi3 コンピュータ 47
3.3　プロジェクト概要 49
3.4　山積みの部品 50
3.5　マスターノードの準備 53
3.6　コードの転送 56
3.7　スレーブノードの準備 60
3.8　まとめ 61

第 4 章　固定 IP アドレスと hosts ファイルを設定する　　62

4.1　マスター Pi の固定 IP アドレスを設定する 62
4.2　ネットワークスイッチで固定 IP アドレスを設定する 63
4.3　hosts ファイルを設定する 70
4.4　まとめ 71

第 5 章　すべてのノードに共通のユーザーを作る　　72

5.1　すべてのノードに新規ユーザーを追加する 72
5.2　認証鍵の生成 74
5.3　認証鍵の転送 74
5.4　まとめ 78

第 6 章　マスターノード上にマウント可能なディレクトリを作る　80

6.1　スレーブにエクスポートするディレクトリを作成する 81
6.2　スレーブにディレクトリをエクスポートする 82
6.3　エクスポートされたディレクトリを手動でマウントする 84
6.4　エクスポートしたディレクトリにある MPI プログラムを実行する 86
6.5　まとめ 91

第 7 章　8 ノードを設定する　　92

7.1　ディレクトリのマウントを自動化する 92
7.2　すべてのノードで hosts ファイルを設定する 95
7.3　残りのスレーブ用 SD カードを準備する 96
　　7.3.1　残りのスレーブ用 SD カードを初期化する 96

目次

7.3.2	PC のディレクトリにスレーブ 1 の SD カードイメージをコピーする	98
7.3.3	スレーブ 1 のイメージを残りのスレーブ用 SD カードにコピーする	98
7.4	残りのスレーブを設定する	99
7.5	まとめ	100

第 8 章　スーパークラスタを試す　　101

8.1	`mpiexec -H` コマンドを使いこなす	101
8.2	Pi2 スーパーコンピューティング	102
8.3	Pi3 スーパーコンピューティング	107
8.4	便利な `bash` ファイルの作成と実行	117
8.5	制限を解除する	119
8.6	まとめ	120

第 III 部　実世界のアプリケーション

第 9 章　実世界の数学アプリケーション　　122

9.1	MPI 版 `sine(x)` のテイラー級数	123
9.2	MPI 版 `cosine(x)` のテイラー級数	131
9.3	MPI 版 `tangent(x)` のテイラー級数	139
9.4	MPI 版 `ln(x)` のテイラー級数	149
9.5	まとめ	157

第 10 章　実世界の物理アプリケーション　　158

10.1	MPI 版並行波動方程式とコード	158
10.2	まとめ	166

第 11 章　実世界の工学アプリケーション　　167

11.1	MPI 版のこぎり波信号のフーリエ級数	167
11.2	まとめ	173

付録　　175

著者と査読者について　　181

訳者あとがき　　182

索引　　184

第I部

スーパーコンピュータへようこそ

第 **1** 章

スーパーコンピュータを始めよう

　スーパーコンピュータ（supercomputer）という名前にある接頭辞 "super" は，よく知らない人たちにとっては，アーサー・C・クラークの古典 SF 映画『2001 年宇宙の旅』（*2001: A Space Odyssey*）に出てくる超悪玉（supervillain）電子頭脳の HAL 9000 や，DC コミックの世界に生息している正義のスーパーヒーローであるクラーク・ケント，つまりスーパーマンを思い浮かべる言葉かもしれません．しかし，実際には，スーパーコンピュータという言い回しは，（少なくとも現時点では）人間に悪意を持たない架空のモノに関連しています．このスーパーコンピュータやスーパーコンピューティングが本書の主題です．

　本章では，スーパーコンピューティング，より正確には並列処理の基礎の手ほどきをします．並列処理は現在，大学や公的な研究所を含む多くの研究機関で幅広く使われている計算手法です．そして，それらの研究機関では，マシンが日常的に TFLOPS（テラフロップス；毎秒 1 兆回の計算）や PFLOPS（ペタフロップス；1,000 TFLOPS）という高速なオーダーで計算を実行しています．並列計算は，気象予測のような複雑で困難な数学的・科学的問題を分析し解決するのに必要な時間を，著しく削減します．正確な天気予報をするためには，通常，莫大な数にのぼる大気条件を考慮し，それらを同時に処理しなければなりません．

　スーパーコンピューティングは，さかんに議論されているビッグバンの起源となった極限の物理条件の分析や，銀河形成の動力学の研究，核爆発や熱核爆発の複雑な特性のシミュレーションや分析にも使われています．最後に挙げた核爆発や熱核爆発の特性は，よりいっそう強力な大量破壊兵器を維持・設計するために軍にとって不可欠なデータです —— 人類にとって良からぬことの前触れですが．それはともかく，これらは並列計算が深く関わる仕事のごくわずかな例です．図 1.1 に挙げる画像は，科学者がスーパーコンピュータを使ったシミュレーションにより獲得した研究成果です．

　並列計算で重要な計算速度の向上は，ネットワークで繋がった複数のプロセッサにデータのかたまりを割り当て，その共有されたデータ用に設計したコードロジックを並行して実行することで実現します．その後，各プロセッサが計算した部分的な解が集められて，最終的な解が生成されます．後ほど，PC 上で，そして Pi2/Pi3 スーパーコンピュータ上でサンプルコードを実行するとき，この技術を実際に利用します．

(a) 銀河形成　　　　　　　　(b) 惑星運動　　　　　　　　(c) 気候変動

図 1.1　スーパーコンピュータを利用して研究・シミュレーションしている事象の例

　並列計算の計算時間短縮は，通常，数週間，数か月，数年というオーダーではなく，数分や数時間というオーダーになります．メッセージパッシングインターフェース（MPI）と呼ばれる並列コンピュータのプログラムを作るための通信プロトコルは，プロセッサ間でのタスク共有を支援します．MPI 標準は，1980 年代から 1990 年代初頭に生まれ，2012 年に 40 以上の参加組織を持つ MPI フォーラムによって最終的に承認されました．

　MPI に関するおおまかな歴史やチュートリアルは，https://computing.llnl.gov/tutorials/mpi/ にあります．また，http://mpitutorial.com/tutorials/ に追加情報や MPI プログラミングに関するチュートリアルがあります．

　本章では，以下の内容を学びます．

- フォン・ノイマン（von Neumann）のプログラム内蔵型コンピュータアーキテクチャ
- フリン（Flynn）の古典的な分類法
- スーパーコンピューティング，スーパーコンピュータの歴史的な観点
- 逐次計算手法
- 並列計算手法
- さらなる処理速度の必要性
- さらなる処理速度の必要性に関する分析的な観点の補足

1.1　フォン・ノイマン型アーキテクチャ

　コンピュータに関するあらゆる議論で，ハンガリーの数学者であり天才である高名なジョン・フォン・ノイマン（John von Neumann）が登場します（図 1.2）．彼は，有名な 1945 年の論文で，電子計算機の一般要件を規定しました．このデバイスは，データとプログラム命令を電子メモリに保持したことから，「プログラム内蔵型コンピュータ」と呼ばれました．プログラム内蔵型コンピュータの仕様は，プログラムを配線によって実現していた初期のデザインから発展しました．事実上，現代のすべてのプロセッサにこの設計アーキテクチャの痕跡が見つかることから，フォン・ノイマン型の基本デザインは今日まで続いていると言えます．

　フォン・ノイマン型アーキテクチャは，図 1.3 に示すように，「記憶装置」「制御装置」「算術論理演算装置」「入出力ポート」の 4 つの主要素から成り立ちます．制御装置と算術論理演算装置

第 1 章　スーパーコンピュータを始めよう

図 1.2　1940 年代頃のジョン・フォン・ノイマン

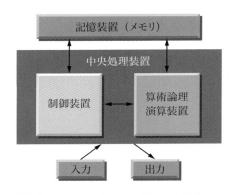

図 1.3　フォン・ノイマン型アーキテクチャ

をまとめて，中央処理装置（central processing unit; CPU）と呼びます．

記憶装置： 読み書き用ランダムアクセスメモリと呼ばれる，データとプログラム命令を格納する手段です．ここで，「データ」はプログラムが利用する情報です．「プログラム命令」はコンピュータが実行するタスクを完了に導くコード化されたデータで構成されます．

制御装置： メモリから情報を得て，それを解釈し，プログラムされたタスクを実行するために逐次的にプロセスを同期します．

算術論理演算装置： 基本的な算術演算を行います．

入出力ポート： 人間のオペレータが CPU にアクセスできるようにします．

ジョン・フォン・ノイマンに関する詳しい情報は，https://en.wikipedia.org/wiki/John_von_Neumann で得られます[*1]．

[*1] 訳注：https://ja.wikipedia.org/wiki/ジョン・フォン・ノイマン

ところで，このアーキテクチャは並列プロセッサやスーパーコンピュータとどのように関係するのでしょうか？　そう，スーパーコンピュータはノード，つまり，独立したコンピュータから構成され，これらのコンピュータには，フォン・ノイマン型と同じ構造要素を持つプロセッサが入っています．

1.2　フリンの古典的な分類法

マイケル・J・フリン（Michael J. Flynn）が1966年に提案し，現在も使われている分類によると，並列コンピュータのアーキテクチャは，少なくとも以下の4つに分類できます．

- 単一命令単一データ（single instruction, single data; SISD）
- 単一命令多重データ（single instruction, multiple data; SIMD）
- 多重命令単一データ（multiple instruction, single data; MISD）
- 多重命令多重データ（multiple instruction, multiple data; MIMD）

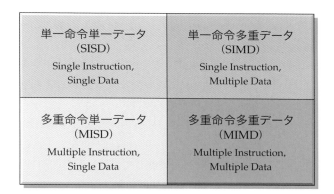

図1.4　フリンの古典的な分類法

次節で述べるCray-1とCDC 7600スーパーコンピュータは，SISDです．

フリンについてもっと詳しく知るには，https://en.wikipedia.org/wiki/Flynn's_taxonomy を参照してください[2]．

1.3　歴史的な観点

▶ 1.3.1　スーパーコンピュータの進化

スーパーコンピューティングという言葉は，1929年に発行された *New York World* 誌に初めて登場しました．この言葉は，コロンビア大学に納入された特製の大規模なIBMタビュレータ会計機械（図1.5）を指していました．

---

[2] 訳注：https://ja.wikipedia.org/wiki/フリンの分類

図 1.5 IBM タビュレータ会計機械

　スーパーコンピューティング分野は，著名なシーモア・クレイ（Seymour Cray）と 1964 年に現れた彼の発明品である CDC 6600 の貢献により，急成長しました．そのマシンは，あらゆる意味で初めてのスーパーコンピュータでした．クレイは応用数学者であり，コンピュータ科学者であり，電気技師でもありました．彼はそれ以降，多くのより高速なマシンを作りました．クレイは 1996 年 10 月 5 日に 71 歳で亡くなりましたが，彼が遺したものは現在も彼の名前を冠するパワフルなスーパーコンピュータの中で生き続けています．

　EFLOPS（エクサフロップス；毎秒百京回の計算）への探求は，1980 年代のコンピュータエンジニアが，少数のプロセッサしか持たないスーパーコンピュータをたくさん生み出したときに始まりました．1990 年代には，数千プロセッサを搭載したマシンが米国や日本で現れ始めました．これらのマシンは新たな TFLOPS（毎秒 1 兆回の計算）というオーダーの処理性能記録を達成しました．しかし，20 世紀の終わりには，大規模並列アーキテクチャを持った PFLOPS（1 秒間に 1 千兆回の計算）マシンが誕生したので，TFLOPS の時代は本当につかの間のことでした．これらのマシンの性能は，PC で使われているのと同等のプロセッサ数千個（見積では 6 万以上）の性能に相当します．おそらく，性能向上は絶え間なく続き，そして止められません．時間が経ってみなければわからないでしょう．図 1.6 に，初期の草分け的なスーパーコンピュータ Cray-1 の画像を示します．

　計算パワーに対する執拗な意欲は，スペリーコーポレーション[3]を離れたエンジニアグループの分派が，ミネソタ州ミネアポリスを拠点とする**コントロール・データ・コーポレーション**（Control Data Corporation; CDC）を立ち上げた 1957 年に本格化します．次の年にはシーモア・クレイもスペリーを離れます．彼は CDC のスペリー分派組と協力し，1960 年に 48 bit の

---

[3] 訳注：エルマー・アンブローズ・スペリーがスペリージャイロスコープとして 1910 年に設立した機械・電気/電子機器メーカー．1918 年にスペリーコーポレーションに社名が変更された後，1955 年にレミントンランド社（UNIVAC I を製造）を買収し，スペリーランド社となって UNIVAC シリーズで成功しました（後に社名をスペリーに戻しました）．このとき，レミントンランド社のエンジニアの一部が大企業の社風を嫌い，独立して CDC 社を立ち上げることになりました．

図 1.6　ドイツ博物館に保管されている Cray-1

CDC 1604（初めての半導体コンピュータ）を世界に示しました．CDC 1604 は 1 秒間に 100,000 回の命令を実行しました．CDC 1604 は当時，計算機の化け物で，真空管が主役の世界では，まさにユニコーンでした．

クレイの CDC 1604 は，その時代の頂点に立つマシンになるように設計されました．しかし，クレイは同僚のジム・ソーントン（Jim Thornton），ディーン・ロウ（Dean Roush），そして 30 名のエンジニアとともに，さらに 4 年の実験の後，60 bit の CDC 6600 を生み出しました．CDC 6600 は 1964 年に初めて市場に出ました．CDC 6600 の開発は，フェアチャイルドセミコンダクター（Fairchild Semiconductor）がより速い小型のゲルマニウムトランジスタをクレイのチームに供給したときに可能になりました．それはより遅いシリコンベースのトランジスタに取って代わりました．ところが，速い小型ゲルマニウムトランジスタには 1 つの欠点，つまり過度の発熱がありました．この問題は，ディーン・ロウの冷却におけるイノベーションによって軽減されました．CDC 6600 は同時期のマシンよりも 10 倍性能が良かったため，スーパーコンピュータと呼ばれるようになりました．そして，1 台 800 万ドルにも達するコンピュータを 100 台販売したことで，スーパーコンピュータという呼び名は現在に至る何十年もの間ずっとわれわれの共通認識となっています．

CDC 6600 は付随する演算装置に通常の作業を任せ，実際のデータ処理から CPU を解放することによって速度向上を達成しました．CDC 6600 は，ミネソタ大学に在籍していたリディアード（Liddiard）とムントシュトック（Mundstock）が設計したミネソタ FORTRAN コンパイラを使用していました．このコンパイラにより，プロセッサは 0.5 MFLOPS の速度で数値演算を実行できました．次の CDC 7600 は，（CDC 6600 より約 3.5 倍速い）36.4 MHz で動き，1968 年に世界一に返り咲きました．速度の向上は，別の技術的なイノベーションを使うことによって達成されましたが，50 台しか売れませんでした．図 1.7 に CDC 7600 を示します．

1972 年，クレイは新しいベンチャー企業を始めるために，CDC を離れました．しかし，クレイが CDC を離れて 2 年後，CDC はプロセッサ能力が 100 MFLOPS という巨大計算機 STAR-100

第 1 章　スーパーコンピュータを始めよう

図 1.7　シリアル番号 1 の CDC 7600（この写真は C の形をしたシャーシの両側を示している）

を発表しました．テキサス・インスツルメンツ（Texas Instruments）の ASC も，このコンピュータの系列でした．これらのマシンは，1960 年代の APL プログラミング言語に始まるアイデアである「ベクトル処理」を導入しました．

▶ 1.3.2　スーパーコンピュータの速度向上

1956 年にイギリスのマンチェスター大学の研究者たちが MUSE の実験を始めました．MUSE という名前は "microsecound engine"（μ 秒エンジン）に由来していました．目標は，1 命令を μ 秒，つまり，1 秒間に約 100 万命令を処理できるコンピュータを設計することでした．1958 年の終わりに，イギリスの電気工学会社であるフェランティ（Ferranti）はマンチェスター大学と MUSE プロジェクトで共同研究を行い，最終的に Atlas（図 1.8）という名前のコンピュータを生み出しました．

Atlas は，CDC 6600 が世界初のスーパーコンピュータとしてお目見えする約 3 年前の 1962 年 12 月 7 日に稼動しました．当時，Atlas は IBM 7094（約 2 GHz）4 台分の処理能力を持ち，

図 1.8　1963 年 1 月，マンチェスター大学における Atlas

イギリス，そして（異論はあるかもしれませんが）世界において最も高性能なコンピュータでした．実際，Atlas が止まるとイギリスの計算能力の半分が失われることになると，一般に言われていました．

さらに，Atlas はメモリ容量を拡張する技術として，仮想メモリやページングを利用する先がけとなりました．Atlas の技術はまた，Atlas Supervisor を生み出しました．これは現在の Windows や Mac のオペレーティングシステムの先がけでした．

1970 年代半ばから 1980 年代は，クレイの時代と考えられています．1976 年にクレイは 80 MHz の Cray-1 を発表しました．このマシンは，歴史上で最も成功したスーパーコンピュータとして位置付けられました．クレイのエンジニアたちは，集積回路（1 つのチップに 2 つのゲートを持つ）をコンピュータアーキテクチャに組み込みました．これらのチップはベクトル処理も可能で，チェイニング（chaining）のようなイノベーションを取り入れました．これはスカラレジスタとベクトルレジスタにより直後に短期的に使用される値を生成するプロセスで，これにより，処理速度を落としがちである余計なメモリ参照を取り除きます．1982 年に 105 MHz の Cray X-MP が発表されました．このマシンの自慢の種は，拡張チェイニングと多重メモリパイプラインを持つ共有メモリ並列ベクトルプロセッサでした．X-MP の 3 つの浮動小数点パイプラインは，同時に動きます．1985 年には，Cray-2（図 1.9）が発表されました．Cray-2 はフロリナート[4]に完全に沈めた 4 つの液冷プロセッサを持っていました．フロリナートは通常運転中に蒸発し，気化冷却でプロセッサから熱が除去されます．

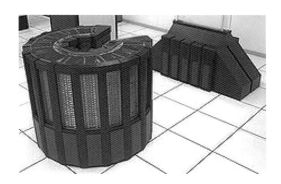

図 1.9　液冷式の Cray-2

Cray-2 のプロセッサは 1.9 GFLOPS で動作しましたが，その上に 2.4 GFLOPS で動作する旧ソビエト連邦の M13 というマシンがありました（図 1.10）．

1990 年に CDC が開発した 10 GFLOPS の ETA-10G（図 1.11）によって，M13 は首位の座から降ろされました．

1990 年代は超並列計算が発展しました．先頭に立ったのは，富士通の数値風洞（numerical wind tunnel; NWT）スーパーコンピュータです．数値風洞はそれぞれ 1.7 GFLOPS で動作する 166 個のベクトルプロセッサを持っており，これにより 1994 年に処理速度のトップに立ちました．しかし，1996 年に分散メモリ型並列システムを持つ日立 SR2201 が 614 GFLOPS を達成し，

---

[4] 訳注：3M 社が販売する，電気絶縁性に優れ，高い安全性を持つ不活性液体で，電気機器の絶縁冷却に用いられる液体．

第 1 章　スーパーコンピュータを始めよう

図 1.10　M13（1984 年）

図 1.11　CDC の ETA-10G

富士通のマシンを破りました．SR2201 は，高速 3 次元クロスバーネットワークで繋がれた 2,048 個のプロセッサを使っていました．

　SR2201 と同世代の Intel Paragon は，さまざまな構成でインテルの i860 プロセッサを 4,000 個搭載しており，1993 年まで遡ると首位のマシンでした．さらに，Paragon は**多重命令多重データ**（MIMD）アーキテクチャを使用しており，高速 2 次元メッシュ経由でプロセッサが互いにリンクされます．この構成では，MPI を利用して複数のノード上でプロセスを実行できます．図 1.12 に Intel Paragon XP-E を示します．

　Paragon アーキテクチャの子孫は，インテルの ASCI Red スーパーコンピュータ（図 1.13）でした．ASCI は Accelerated Strategic Computing Initiative の略語です．Red は，1992 年の核実験に関する覚書に基づいて，米国が核兵器を維持するのに必要な計算を担うため，1996 年にサンディア国立研究所に導入されました．このコンピュータは，20 世紀の終わりまでスーパーコンピュータのトップを占めていました．Red は 9,000 個以上の超並列の計算ノードで満たされており，12 TB 以上のデータストレージを持っていました．また，このマシンは，その時代の PC が広く利用していた，容易に入手可能な Pentium Pro プロセッサを内蔵していました．Red は 1 TFLOPS のベンチマークを記録し，最終的に 2 TFLOPS のベンチマークに到達しました．

　より高い計算能力に対する人間の欲望は衰えないまま，21 世紀を迎えました．今ではペタスケールの演算が当たり前となっています．PFLOPS というのは，1 秒間に 1 千兆回（1×10^{15}）の

1.3 歴史的な観点

図 1.12　Intel Paragon XP-E シングルキャビネットシステム Cats

図 1.13　ASCI Red

浮動小数点演算を実行する計算速度です．いったいなんという桁数でしょう！ この狂気に終わりはあるのでしょうか？ より高い計算能力は，たいていより多くの電力消費を意味していることに注意すべきです．それは環境に対してより負荷をかけることに繋がります．1991 年に登場した Cray C90 は電力を 500 kW 消費しました．ASCI Q は 3,000 kW を食い尽し，速度は C90 の 2,000 倍ですから，1 W 当たり 300 倍の性能向上でした．仕方ないですね！

2004 年に NEC の地球シミュレータ（図 1.14）は，640 ノードを使用し，35.9 TFLOPS，つまり 35.9×10^{12} FLOPS を達成しました．

TFLOPS の分野での IBM の貢献は，Blue Gene（図 1.15）です．Blue Gene は 2007 年に登場し，478.2 TFLOPS で動作しました．そのアーキテクチャは昨今広く利用されているものです．Blue Gene は，PFLOPS レベルの実行速度を発揮しつつ比較的消費電力が低いスーパーコンピュータを設計することを目的とした，IBM のプロジェクトです．一見すると，これは矛盾しているように見えるかもしれませんが，IBM は空冷可能な低速プロセッサを大量に使用することでこれを達成しました．この計算機の化け物は，1 ラックに 2,048 プロセッサを積んで，合計 60,000 プロセッサ以上を使用しています．ラックは 3 次元トーラス格子で相互結合されています．IBM の Roadrunner は，1.105 PFLOPS に達しました．

11

図 1.14　NEC の地球シミュレータ

図 1.15　アルゴンヌ国立研究所の Blue Gene/P

中国はスーパーコンピューティング技術において急速な伸びを見せています．2003 年 6 月に中国は，世界で最も速い 500 台のスーパーコンピュータの世界ランキングを示す TOP500 リスト[*5]の 51 番目に入りました．そして，2003 年 11 月には 14 位に順位を上げました．2004 年 6 月に 5 位になり，最終的に，2010 年に天河 1 号（Tianhe-1）で 1 位を獲得しました．このマシンは 2.56 PFLOPS で動作しました．その後，2011 年 7 月には日本の京が 10.51 PFLOPS を達成し，首位を獲得しました．京は 600 キャビネットに入れた合計 60,000 個以上の SPARC64 V111fx プロセッサを使用しました．2012 年には IBM 社のセコイア（Sequoia）が稼動し始め，16.32 PFLOPS で動作しました．セコイアは米国のカリフォルニア州にあるローレンス・リバモア国立研究所に設置されています．同年，クレイのタイタン（Titan）は 17.59 PFLOPS を記録しました．このマシンは米国テネシー州にあるオークリッジ国立研究所に設置されています．その後，2013 年に中国は国防科学技術大学（National University of Defense Technology; NUDT）の天河 2 号（Tianhe-2）を発表しました．このマシンは 33.86 PFLOPS のクロック速度を持ち，2016 年には神威・太湖之光（Sunway TaihuLight）が中国江蘇省無錫市で稼動を開始しました．天河 2 号は現在，93 PFLOPS の処理速度を持ち，トップに位置しています．しかし，すぐにより

[*5] 訳注：https://www.top500.org/

強力なマシンが現れるという歴史的な傾向があるので，この最新の成果はつかの間のものであると考えなければなりません．良い例は，2015 年 7 月 29 日にオバマ大統領が 1,000 PFLOPS，つまり 1 EFLOPS という，天河 2 号より約 30 倍速く，次の神威・太湖之光より約 10 倍速いという，桁外れに速いスーパーコンピュータを構築する大統領令を出しました．引き続き注目してください．戦いは続きます[6]．これまでで地球上で最も速い 5 台のマシンの写真を，京から処理速度の遅い順で紹介しましょう．図 1.16 は 5 番目に速いスーパーコンピュータである京，図 1.17 は 4 番目に速い IBM のセコイア，図 1.18 は 3 番目に速いクレイのタイタン，図 1.19 は 2 番目の天河 2 号，そして図 1.20 は最も速い神威・太湖之光です．

図 1.16　京

図 1.17　IBM のセコイア（Sequoia）

図 1.18　クレイのタイタン（Titan）

---

[6] 訳注：2018 年 6 月 25 日に公開された TOP500（https://www.top500.org/lists/2018/06/）では，オークリッジ国立研究所に設置された IBM 製のスーパーコンピュータ Summit が 122.3 PFLOPS を記録して，世界一になりました．

第 1 章　スーパーコンピュータを始めよう

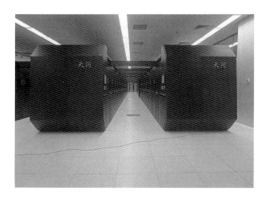

図 1.19　国防科学技術大学（NUDT）の天河 2 号（Tianhe-2）

図 1.20　神威・太湖之光（Sunway TaihuLight）

さて，並列計算の背後にある処理は何なのかと，読者は疑問に思っているかもしれません．この話題には先に簡単に触れましたが，以下では図を使って少し深く掘り下げます．図を見ると，並列処理の背後にある仕組みを理解しやすくなるはずです．まずは逐次処理の仕組みから始めます．

1.4　逐次計算と並列計算

▶ 1.4.1　逐次計算手法

図 1.21 は代表的・伝統的な逐次処理の流れを示しています．逐次計算には次のような特徴があります．

- 問題を命令の塊に分ける
- 命令を逐次実行する
- 命令を実行するのに 1 つのプロセッサを使用する
- 1 度に 1 つの命令を実行する

図 1.22 は逐次計算の実際のアプリケーションを示しています．この例では，給与計算が処理されています．

1.4 逐次計算と並列計算

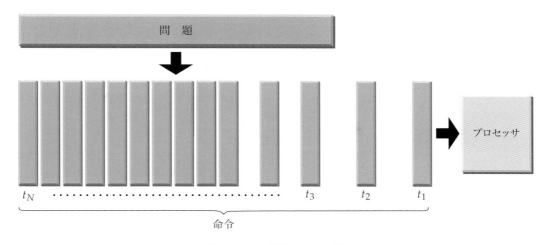

図 1.21　一般的な逐次処理

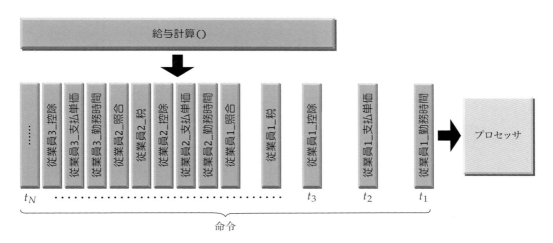

図 1.22　給与計算の逐次処理の例

▶ 1.4.2　並列計算手法

図 1.23 は並列処理における定型の流れを示しています．そこでは与えられた問題を解くために，複数の計算資源が併用されています．並列処理には次の特徴があります．

- 問題を並行して解ける部分に分ける
- 各部分を命令セットの並びに分ける
- 各部分の命令セットを複数のプロセッサ上で同時に実行する
- 全体にわたる制御・協調方式を用いる

図 1.24 は並列計算の実際のアプリケーションを示しています．そこでは，給与計算が処理されています．

注意すべきこととして，与えられた計算問題は次の条件を満たさなければなりません．

- 同時に解ける小さい別々の塊に分割できる

第1章 スーパーコンピュータを始めよう

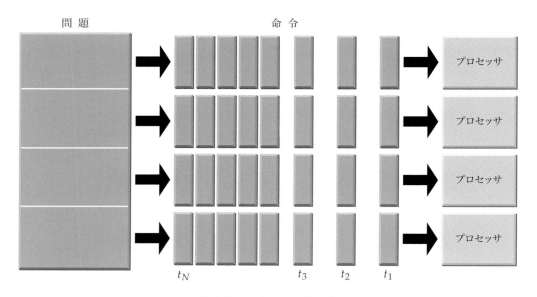

図 1.23　一般的な並列処理

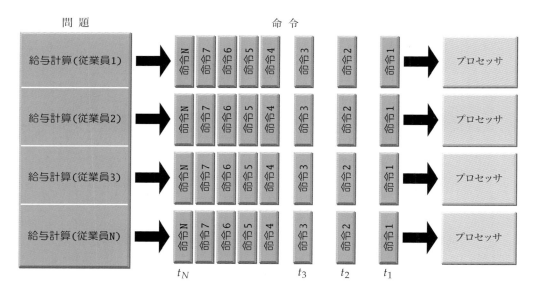

図 1.24　給与計算の並列処理の例

- いつでもいくつかのプログラム命令を実行できる
- 1つの計算リソースを使用するのに比べて，多くの計算リソースを使用することで，より短い期間で解ける

計算リソースは通常以下から構成されます．

- 複数のプロセッサもしくはコアを持つ単一のコンピュータ
- ネットワークで互いに接続された任意の数のコンピュータもしくはプロセッサ

最近のコンピュータは，複数のコアを持つプロセッサを搭載しています．通常は 4 コアですが，IBM BG/Q Computing Chip のように 18 コアのプロセッサもあります．単体のコンピュータや PC，すなわちノードがスーパークラスタの一部になっているのであれば，そこで MPI を利用してプログラムを並列実行できます．この 1 ノードのスーパーコンピューティングの機能については，後ほど π を求める並列化された単純なコードを実行する方法を説明する際に取り上げます．これらのプロセッサコアも，L1 キャッシュ，L2 キャッシュ，先読み，分岐，浮動小数点，復号，整数，グラフィック処理（GPU）など，いくつかの機能ユニットを搭載しています．図 1.25 に典型的なスーパーコンピューティングクラスタネットワークを示します．

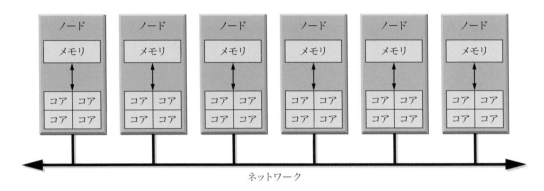

図 1.25　代表的なスーパーコンピューティングクラスタネットワークの例

これらのクラスタは，数千ノードにのぼる構成も可能です．すでに述べた Blue Gene は 60,000 プロセッサを搭載しています．一方，ちっぽけな Raspberry Pi スーパーコンピュータは，32 コア（1 つの Pi に 4 コア）からなる 8 ノード，もしくは，64 コアからなる 16 ノードを持ちます．各ノードは 4 GHz（Pi3 は 4.8 GHz）の処理能力を提供するので，われわれのマシンは 32 GHz（32×10^9）（Pi3 は 76.8 GHz）の処理能力を持つことになります．この小さなマシンは，実際に古いスーパーコンピュータよりも優れているとも言えます．この時点で，並列処理の技術が逐次処理よりもほとんどの計算で優れている理由は明らかでしょう．

1.5　処理速度向上の必要性

世界や宇宙においては物事は同時に起こり，数多くの複雑で相互結合した事象が同時に，そして時間的な順序で発生しています．これらの事象の物理特性や力学を逐次的に分析するのには，かなり長い時間がかかるでしょう．一方で，並列処理はこれらの種類の事象，すなわち核兵器実験や先に述べた銀河形成の物理的過程をモデル化しシミュレーションするのにかなり向いています．並列処理によるシミュレーションが適しているさらなる事象を，図 1.26 に示します．

並列処理を採用する一般的な理由のいくつかについて，すでに議論しました．ここでは中心的な理由を説明します．お金と時間を節約することから始めてみましょう．より多くの資源をタスクに適用すればその解決スピードが速くなる傾向にあることは，わかりきっています．並列処理の技術は，眼前の問題に複数のノードやコアを実際に適用することによって，この考えを強化しま

第 1 章　スーパーコンピュータを始めよう

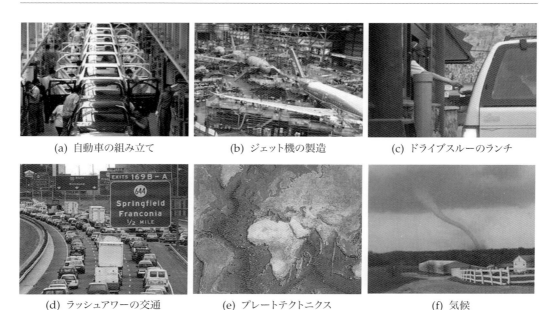

(a) 自動車の組み立て　　　(b) ジェット機の製造　　　(c) ドライブスルーのランチ

(d) ラッシュアワーの交通　(e) プレートテクトニクス　(f) 気候

図 1.26　並列処理によるシミュレーションが適した事象

す．すなわち "Many hands make light work"（人手が多ければ仕事は軽くなる）という古いことわざの再現です．さらに，比較的安いコンポーネントから並列マシンを構築することができます．

次の話題は巨大で困難，複雑な問題を解決する必要性の問題です．コンピュータの限られたメモリ容量を考慮すると，単一のコンピュータの処理能力で解決を試みようとするのは無謀なほど非常に複雑な問題があります．スーパーコンピューティングにとっての大課題のいくつかは，https://en.wikipedia.org/wiki/Grand_Challenges で見つかります．これらの課題には，PFLOPS とペタバイトの記憶容量が必要です．Google や Yahoo! のような検索エンジンは，刻々と起きる毎秒何百万件にのぼるインターネット検索やトランザクションを処理するために，スーパーコンピュータを採用しています．

並行性はより速い処理速度を生み出します．単一のコンピュータは，一度に 1 つのタスクを処理します．一方，ネットワークで結ばれた複数のコンピュータによって，複数のタスクを同時に実行できます．この実践の好例は協調ネットワークで，それは人々に会ったりともに働いたりするグローバルな仮想空間を提供します．

次に，非局所資源は並列処理において重要な役割を果たします．例えば，計算資源が不十分なとき，広域ネットワーク，すなわちインターネットの力を利用することができます．分散コンピューティングの別の例は，SETI@home (http://setiathome.berkeley.edu/) です．ネットワークは数百万のユーザーを全世界に持っており，各ユーザーは自分の計算リソースを**地球外知的生命探索（SETI）**を援助するために提供します．ちなみに，著者は数年来 SETI の一員で，自分の PC を使っていないときは，自動的に常にその処理能力を SETI@home に貸しています．他の並列計算組織として，Folding@home (http://folding.stanford.edu/) があります．メンバーは自分たちの PC のプロセッサ資源をアルツハイマー病，ハンチントン病，パーキンソン病や，多くの癌の治療法を見つけるために提供しています．

並列処理が必要な，もう1つの，そして最後の理由は，性能を向上させるために基盤となる並列ハードウェアを効率良く利用するためです．現在のノート型を含むPCは，並列に構成された複数のコアを持つプロセッサを収容しています．Open MPIのような並列ソフトウェアは，複数のコアやスレッドなどを持つプロセッサ向けに特別に設計されています．本書で後にRaspberry Piスーパーコンピュータをテストしたり実行したりするとき，Open MPIを使用します．PCで逐次プログラムを実行するのは，基本的に計算能力の無駄です．図1.27はインテルの最新プロセッサアーキテクチャを示しています．

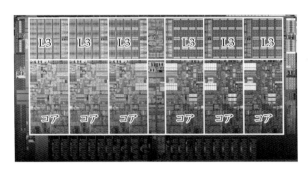

図1.27　6つのコアと6つのL3キャッシュユニットを持つインテルXeonプロセッサ

未来はどうなっていくのか？と尋ねてみたくなるかもしれません．そうですね，歴史的な傾向からは，チップ製造技術が絶え間なく向上していき，それにつれて将来さらに高性能なスーパーコンピュータが出てくることが示されています．さらに，より高速なネットワークスイッチが，チップやプロセッサと同様に進化しています．スーパーコンピュータ上での処理速度の理論的な上限は，チップの中のコア間の通信速度だけでなく，ノード間の通信速度，そしてノードを接続するネットワークスイッチに影響されます．ネットワークスイッチが速ければ処理が速くなります．概念としての並列性は普及していて，われわれが前に進むにつれて，関連する技術はより良く，強力になっていきます．図1.28はスーパーコンピューティングの性能トレンドを示しています．EFLOPS演算での競争は，衰えることなく続いています．

いったい誰がこのいけている技術を使っているのか？と尋ねたくなるかもしれません．簡単に言えば，ものすごい数の組織と人々です．その中に確実に含まれているグループは，科学者と技術者です．その科学者や技術者によって研究・モデル化されている問題領域は，以下のとおりです．

- 環境，地球，大気
- 応用物理（核，素粒子，凝縮物質，高圧，核融合，光通信学）
- 遺伝学，生命科学，生命工学
- 分子科学，地質学
- 機械工学
- 超小型電子技術，回路設計，電気工学
- 数学，計算科学
- 兵器，防衛

上のリストには，並列計算を実際に応用した例をいくつか追加しています．図1.29は，科学と

第 1 章 スーパーコンピュータを始めよう

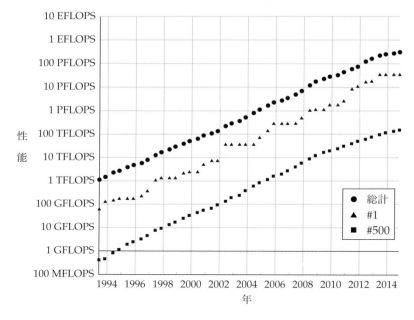

図 1.28 スーパーコンピューティングの性能トレンド（出典：https://www.top500.org/statistics/perfdevel/）

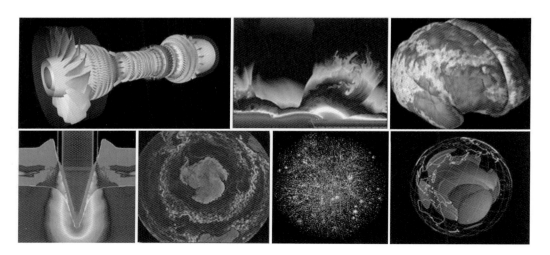

図 1.29 スーパーコンピュータでモデル化されている工学的・科学的な問題の画像

工学での並列処理のさらなる応用例を示しています．
　産業部門も，スーパーコンピューティング技術の大口ユーザーです．企業は製品の歩留まりと効率を向上させるために膨大な量のデータを処理します．この活動の例をいくつか示します．

- データマイニング，データベース，ビッグデータ
- 石油探査
- ウェブベースのビジネスサービスおよびウェブ検索エンジン
- 医療診断および画像診断

- 製剤設計
- 経済・財務モデリング
- 国内・多国籍企業の経営
- 高度なグラフィックスと仮想現実
- マルチメディア技術やネットワークビデオ
- 協調作業環境

図 1.30 に，産業および商用アプリケーションのさらなる例を示します．
並列計算は世界的にさまざまな部門で利用されています．図 1.31 を参照してください．

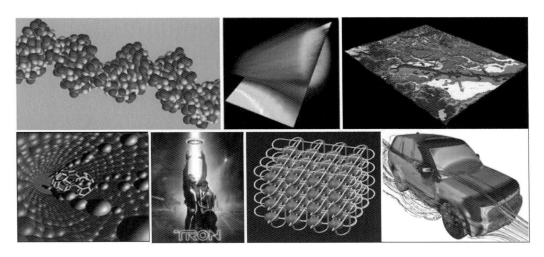

図 1.30　スーパーコンピュータによる商用アプリケーションの画像

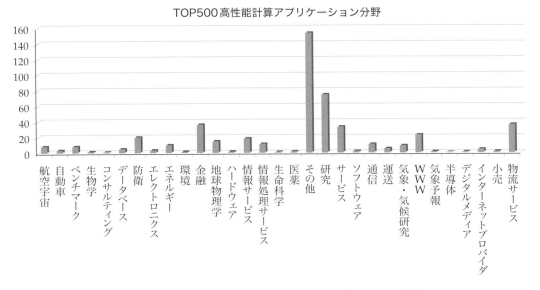

図 1.31　世界でのスーパーコンピューティングリソースの活用

第1章　スーパーコンピュータを始めよう

1.6 処理速度に関するさらなる分析的観点

　ここでは，より高い計算能力が必要とされる理由の別の見方を示します．米国とカナダを対象として天気を予測したいとし，この地域を海抜 20 km の立方体の格子で覆い，格子の各頂点で天気を調べるとします．さて，米国とカナダはだいたい 2 千万 km^2 なので，0.1 km の格子の立方体を使用したと仮定します．すると，少なくとも $2.0 \times 10^7\,km^2 \times 20\,km \times 10^3$ 格子 $/km^3 = 4 \times 10^{11}$ 格子点 が必要です．さらに，格子点で気象状況を確認するのに最低 100 回の計算が必要だとし，1 時間の天気には $4 \times 10^{11} \times 10^2 = 4 \times 10^{13}$ の演算が必要になります．次の 48 時間の天気を毎時予測するためには，4×10^{13} 演算 $\times 48$ 時間 $\approx 2 \times 10^{15}$ 演算 が必要です．逐次コンピュータが 1 秒間に 10^9（10 億）回の演算を処理できると仮定すると，だいたい $(2 \times 10^{15}$ 演算$)/(10^9$ 演算 / 秒$) = 2 \times 10^6$ 秒 ≈ 23 日！かかることになります．これでは天気予報のメリットはないでしょう．では，このコンピュータを，1 秒間に 10^{12}（1 兆）回の演算を実行できるように加速するとします．すると，だいたい 30 分で全格子点の天気を確定でき，次の 48 時間の天気を完全に予測できます．

　気象予測以外にも，実社会や実世界で起きる条件や事象は，数え切れないほどたくさんあります．妥当な時間でこれらの問題を解くためには，われわれのコンピュータはより高速な処理速度を持つ必要があります．技術者や科学者がより高い計算能力を追求するのは，そのためです．そこでは，並列計算やスーパーコンピューティングの MPI コードが役に立ちます．しかし，並列性が広く採用されるのには障害が多くあります．容疑者としていつも名前が挙がるのは，ハードウェア，アルゴリズム，ソフトウェアです．

　ハードウェアについては，スイッチとして知られているネットワーク相互通信経路は，通信速度の面で最新プロセッサの性能に劣っています．低速なスイッチがスーパーコンピュータの理論上の上限計算速度に負の影響を与えます．本書で Pi スーパーコンピュータを動かすとき，HPE 社のスイッチにある入力ポートに繋いだノードを順次稼働させるにつれて，この現象が観測されるでしょう．スイッチ技術は向上していますが，それほど速くなっていません．

　処理速度は，ハードウェア上で並列コードをどれくらい高速に実行するかに依存します．したがって，ソフトウェア技術者はスーパーコンピューティングの速度を加速する，より高速でより効率的な並列アルゴリズムを設計しています．より高速なアルゴリズムによって，並列性の人気が上昇するでしょう．

　最後に，逐次プログラムを自動的に並列化できるコンパイラはその適用範囲が限られており，プログラマたちは自身で並列アルゴリズムを与えるしかありません．並列性を広く適用する上で最も影響のある障害は，不十分なソフトウェアなのです．

1.7 役に立つ情報源

- https://computing.llnl.gov/tutorials/mpi/
- https://computing.llnl.gov/tutorials/parallel_comp/
- https://en.wikipedia.org/wiki/History_of_supercomputing[7]

---

[7] 訳注：https://ja.wikipedia.org/wiki/スーパーコンピュータ技術史

- http://www.columbia.edu/cu/computinghistory/tabulator.html
- https://en.wikipedia.org/wiki/CDC_1604[*8]
- http://www.icfcst.kiev.ua/MUSEUM/Kartsev.html
- http://www.icfcst.kiev.ua/MUSEUM/PHOTOS/M13.html
- https://en.wikipedia.org/wiki/IBM_7090#IBM_7094[*9]
- https://en.wikipedia.org/wiki/ETA10[*10]
- https://en.wikipedia.org/wiki/Intel_Paragon[*11]
- https://www.top500.org/featured/systems/asci-red-sandia-national-laboratory/
- https://en.wikipedia.org/wiki/Earth_Simulator[*12]
- https://en.wikipedia.org/wiki/Blue_Gene[*13]
- https://youtu.be/OU68MstXsrI
- Pacheco, P. S.: *Parallel Programming with MPI*, Morgan Kaufmann Publishers (1997)[*14]

1.8 まとめ

　本章では，ジョン・フォン・ノイマンのプログラム内蔵型コンピュータアーキテクチャと，物理プロセッサやチップへのその実装について学びました．また，フリンの古典的な分類法を取り上げ，命令とデータの流れが最終設計でどのように実装されているかによって，スーパーコンピュータがどのように分類されるかを学びました．スーパーコンピュータの起源を説明するために歴史的な観点を述べ，またスーパーコンピュータの能力向上に対する探求について学びました．逐次処理・並列処理の背後にある構造と，なぜ並列処理が複雑な問題の解決においてより効率的なのか（問題を MPI により論理的に並列化できる場合）を学びました．自動車の組み立て，ジェット機の製造，ドライブスルーのランチ，ラッシュアワーの交通，プレートテクトニクス，気象などの実世界のシナリオのいくつかの例を挙げることで，より高速な処理の必要性の根拠を理解しました．最後に，処理速度の向上の必要性を支持するために分析的な視点を学びました．

[*8] 訳注：「スーパーコンピューターの系譜　民間・軍事に幅広く採用された CDC 1604」（http://ascii.jp/elem/000/000/940/940263/）

[*9] 訳注：https://ja.wikipedia.org/wiki/IBM_7090

[*10] 訳注：https://ja.wikipedia.org/wiki/ETA システムズ#ETA10

[*11] 訳注：https://ja.wikipedia.org/wiki/インテルパラゴン，「スーパーコンピューターの系譜　CRAY-1 と同じ性能を目指した Paragon」（http://ascii.jp/elem/000/000/960/960646/）

[*12] 訳注：https://ja.wikipedia.org/wiki/地球シミュレータ，「スーパーコンピューターの系譜　代表作 CRAY-1 と地球シミュレータ」（http://ascii.jp/elem/000/000/935/935757/）

[*13] 訳注：https://ja.wikipedia.org/wiki/Blue_Gene，「スーパーコンピューターの系譜　プロセッサー密度を上げた BlueGene/P」（http://ascii.jp/elem/000/001/011/1011287/）

[*14] 訳注：P. パチェコ 著，秋葉博 訳『MPI 並列プログラミング』（培風館, 2001）

第**2**章

1ノードのスーパーコンピューティング

　本章では，1ノードのスーパーコンピューティングについて説明します．最初に，PC（1ノード）に Linux オペレーティングシステムをインストールします．続いて，Windows 環境で PC のプロセッサの仕様にアクセスする方法を説明します．この情報は，**メッセージパッシングインターフェース（MPI）**処理で `mpiexec -H` コマンド（後ほど詳しく説明します）を使用するときに，コアやスレッドがいくつ利用できるかを見極めるのに重要です．そして，単純な逐次処理で π（円周率）を求めるコードを書いて実行し，次に，π コードの MPI 版を書いて実行します．このコードを書く練習が，逐次のコーディングを MPI のコーディングに変換するための最初の感触を提供します．重要な構造である MPI 版の π コードの **for** 文について説明し，最後に，MPI の技術を用いて，オイラー，ライプニッツ，ニーラカンタの無限級数展開から π を生成します．

　本章では，次の内容を学びます．

- PC に Linux をインストールする方法
- 最近の PC に搭載されているマイクロプロセッサ
- PC に搭載されているプロセッサの技術的な詳細にアクセスする方法
- 単純な逐次版 π コードの書き方と実行方法
- MPI の一般的な構造
- PC に搭載されているマルチコアプロセッサのコアやプロセスを呼び出すための，基本的な MPI コードの書き方と実行方法
- 前述した逐次版 π コードの MPI 版を（呼び出しプロセッサアルゴリズムを用いて）書いて実行する方法
- for ループ文を含む MPI 版 π コードの重要な構造
- オイラー無限級数から π を生成する MPI プログラムの書き方
- ライプニッツ無限級数から π を生成する MPI プログラムの書き方
- ニーラカンタ無限級数から π を生成する MPI プログラムの書き方

2.1 | Linux のインストール

冒険に乗り出す前に，メイン PC に Linux（Ubuntu）オペレーティングシステムをインストールするとよいでしょう．Pi2 や Pi3 に**セキュアシェル（SSH）**プロトコル経由でリモートで通信するコマンドライン命令を利用するためです（詳細は後述します）．Ubuntu ウェブサイト http://www.ubuntu.com/download/desktop/install-ubuntu-desktop にアクセスすると，無償版のオペレーティングシステムのほか，チュートリアルや説明書をダウンロードできます．Ubuntu をインストールする際には，Windows オペレーティングシステムにアクセスできるオプションを選択してください．最終的に，Win32 Disk Imager や SD formatter for Windows のような Windows アプリケーションも利用するからです（これらのダウンロードとアプリケーションについては，第 7 章で 8 ノードの Pi2/Pi3 スーパークラスタを設定するときに説明します）．

2.2 | PC のプロセッサ

最近の PC に搭載されているプロセッサは，複数のコアを持ちます．少し前の PC モデルは 2 コア，より新しい PC は通常 4 コアを持ち，それぞれが GHz のスピードで動作します．したがって，8 ノード 32 コアの Pi スーパーコンピュータで動作する同じ MPI プログラムを，テストしたりデバッグしたりすることができます．初めにメイン PC の CPU を 1 ノードのスーパーコンピュータとして利用します．この手順では，MPI プロトコルの簡単な紹介とデモンストレーションを行います．ちなみに，著者の PC には i7 の 4 コアのプロセッサが搭載されており，それぞれのコアは 4 GHz で動作し，1 つの物理コアで 2 つの処理スレッドを実行できます．本書に含まれる最初の MPI 実行はこの 4 GHz マシンを使用しており，MPI 実行結果に表示される処理時間は読者が使用するプロセッサの速度によって変わります．

2.3 | プロセッサの技術的詳細にアクセスする

コンピュータの［コントロールパネル］からプロセッサの技術的な詳細にアクセスできます．Windows 7 のマシンでは，［システムとセキュリティ］をクリックし，［システム］［デバイスマネージャー］［プロセッサー］をクリックします．Windows 10 の場合は，次のとおりです．タスクバーの左下にある Windows アイコンをクリックし，［エクスプローラー］アイコン，そして［PC］アイコンをクリックします．次に，表示されたウィンドウの左上にある［コンピュータ］タブをクリックし，［システムのプロパティ］をクリックします．ウィンドウに表示される情報に注意してください．続いて，［デバイスマネージャー]*1 をクリックし，［プロセッサ］をクリックします．PC のコアにあるプロセッサや計算スレッドの総数が見られるはずです．

---

*1 訳注：関連設定の項目にあります．

2.4 逐次版 π コードを書いて実行する

PC を 1 ノードのスーパーコンピュータとして利用するのはすごく簡単で，プロセッサのコア
にデジタルで命令する演習はとても楽しいでしょう．これ以降，読者が C 言語の実用的な知識を
持っていると仮定します．ですので，冒険の最初のステップは，π を計算する C の簡単なコード
を書いて実行することです．このコードは π を表す x の関数に対して数値積分（300,000 回の反
復を使用）を実行します．このコードのロジックを MPI 版に変換し，プロセッサ上の 1 コアで
実行し，徐々に残りのコアを稼動させていきます．コアを連続して稼動させていくのにつれて，
処理速度が徐々に向上することがわかります．まず，簡単な π 方程式から始めましょう．

$$\pi = \int_0^1 \frac{4}{1+x^2} dx$$

この方程式は，π の近似値を得る多くの式の 1 つです．次節でスーパーコンピュータにもっと
厳しいデジタルトレーニングを与える，もう少し複雑で有名な方程式を取り上げます．次のコー
ドは，上式を逐次の C のコードで表す最低限のものです．

```c
// C_PI.c:
#include <math.h>  // 数学ライブラリ
#include <stdio.h> // 標準入出力ライブラリ

int main(void)
{
    long num_rects = 300000; // 1000000000;
    long i;
    double x,height,width,area;
    double sum;
    width = 1.0/(double)num_rects; // セグメントの幅
    sum = 0;
    for(i = 0; i < num_rects; i++)
    {
        x = (i+0.5) * width; // x: i番目のセグメントの真ん中への距離
        height = 4/(1.0 + x*x);
        sum += height; // 個々のセグメントの高さの和
    }
    // セグメントの近似面積（πの値）
    area = width * sum;

    printf("\n");
    printf(" Calculated Pi = %.16f\n", area);
    printf("          M_PI = %.16f\n", M_PI);
    printf("Relative error = %.16f\n", fabs(area - M_PI));

    return 0;
}
```

このコードは，Linux の端末環境（ターミナルウィンドウを開くためには，黒いモニターアイコ
ンをクリックします）で，vim エディタを使って書きました．まず，コマンド **cd デスクトップ**
を入力してデスクトップディレクトリに作業ディレクトリを変更します．コマンド **vim C_PI.c**

を入力して[2]，C 言語の空のファイル C_PI.c を作ります（コードの名前は何でも構いません）．'i' キーを押して編集を開始します．先ほどのコードを入力するか，出版社のサイトからダウンロードしてコピーします．Esc :wq[3] と入力してファイルを保存すると，$ プロンプトに戻ります．

 この時点では，まだデスクトップディレクトリにいます．コマンド mpicc C_PI.c -o C_PI を使ってコードをコンパイルします[4]．この手順により，デスクトップディレクトリに実行ファイル C_PI が生成されます．

最後に，time mpiexec C_PI コマンドを使ってコードを実行します．コードは以下の画面例のように出力を生成します．4 コア搭載プロセッサの各コアから生じる 4 つの似た出力が見られるでしょう[5]．

```
carlospg@gamma:~/デスクトップ $ time mpiexec C_PI

 Calculated Pi = 3.1415926535906125
         M_PI  = 3.1415926535897931
 Relative error = 0.0000000000008193

real    0m0.039s
user    0m0.036s
sys     0m0.000s
```

コードの num_rects の値（現在の値は 300,000）を自由に修正して実行し，計算精度が変わるのを見てください．コードの計算時間はそれに応じて変化します．この計算はただ 1 つのコアで実行されていることに注意してください．計算やタスクは，4 つのコア間で共有も分割もされていませんでした．太字で強調された実行時間（0m0.039s）は，比較的高速な 4 GHz プロセッサの関数になっています．使用しているプロセッサがより遅ければ，計算時間がやや増加します．では，評判の良い MPI プロトコルに進みます．

2.5 メッセージパッシングインターフェース

本節では，MPI プログラムの全体構造を示します（より詳細な説明については 1.7 節をご覧ください）．MPI コードは図 2.1 に示す要素を持つでしょう．

---

[2] 訳注：Ubuntu 18.04 LTS では vi C_PI.c で vim-tiny（最小構成でビルドされた Vim）が起動します．sudo apt install vim を実行することで，vim-basic（Huge 版 GUI なし）がインストールされ，vim でも vi でも /usr/bin/vim.basic が起動します．
[3] 訳注：この表記は，Esc キーを押し，':'，'w'，'q' キーを順番に押すことを意味します．
[4] 訳注：メイン PC の Linux で mpicc を使うために，sudo apt install openmpi-doc openmpi-bin libopenmpi-dev を実行しておいてください．
[5] 訳注：本書で表示する画面例では，主なコマンドラインと，出力の中で説明上強調したいところを太字にしています．

第 2 章　1 ノードのスーパーコンピューティング

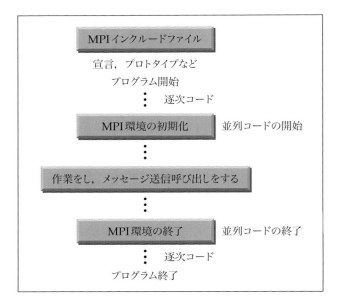

図 2.1　MPI コードの構造

▶ 2.5.1　基本の MPI コード

比較的簡単な MPI コードを以下に示します．コードが図 2.1 を反映していることに気づくでしょう．

```c
// call-procs.c:
#include <mpi.h>     // (Open)MPIライブラリ
#include <stdio.h>   // 標準入出力ライブラリ

int main(int argc, char* argv[])
{
    /* MPI変数 */
    int num_processes;
    int curr_rank;
    int proc_name_len;
    char proc_name[MPI_MAX_PROCESSOR_NAME];

    /* MPI の初期化 */
    MPI_Init(&argc, &argv);

    /* プロセッサ数の取得 */
    MPI_Comm_size(MPI_COMM_WORLD, &num_processes);

    /* 現在のプロセスのランク（識別番号）の取得 */
    MPI_Comm_rank(MPI_COMM_WORLD, &curr_rank);

    /* 現在のスレッドのプロセッサ名の取得 */
    MPI_Get_processor_name(proc_name, &proc_name_len);

    /* ランク（識別番号），プロセス数，プロセス名の出力 */
    printf("Calling process %d out of %d on %s\n",
```

```
            curr_rank, num_processes,
            proc_name);

    /* クリーンアップ，MPIの終了 */
    MPI_Finalize();

    return 0;
}
```

通常の MPI コードは，強調したステートメントを含みます．しかし，実行したいタスクによっては，より多くのステートメントや関数を用います．ここでは，次のステートメントや関数を除き，上記以外のステートメントは扱いません．

```
MPI_Bcast(&n, 1, MPI_INT, 0, MPI_COMM_WORLD);
MPI_Reduce(&rank_integral, &pi, 1, MPI_DOUBLE, MPI_SUM, 0, MPI_COMM_WORLD);
```

これらを π 版のコードに追加してみましょう．前に示した基本的な MPI コードには，ファイル名 call-procs.c が付いていました．mpicc call-procs.c -o call-procs コマンドでコードをコンパイルし，mpiexec -n 8 call-procs コマンドを使って実行します．-n は n 個のスレッドもしくはプロセスを指定し，そのあとに数字の 8（計算に使いたいスレッドやプロセスの数）を指定します．実行例を以下に示します．ここで，著者は PC のプロセッサに搭載されている 4 個のコアにある 8 つのスレッドすべてを使用しています．コードは，実行されているホストのコンピュータ gamma にある合計 8 個のプロセスをランダムな順に呼び出します．

```
carlospg@gamma:~/デスクトップ $ mpiexec -n 8 call-procs
Calling process 0 out of 8 on gamma
Calling process 1 out of 8 on gamma
Calling process 2 out of 8 on gamma
Calling process 5 out of 8 on gamma
Calling process 7 out of 8 on gamma
Calling process 3 out of 8 on gamma
Calling process 4 out of 8 on gamma
Calling process 6 out of 8 on gamma
```

▶ 2.5.2 MPI 版 π コード

MPI 版の π コード（ファイル名 MPI_08_b.c）を示します．

```
// MPI_08_b.c:
#include <mpi.h>    // (Open)MPIライブラリ
#include <math.h>   // 数学ライブラリ
#include <stdio.h>  // 標準入出力ライブラリ

int main(int argc, char* argv[])
{
    int total_iter;
    int n, rank, length, numprocs, i;
    double pi, width, sum, x, rank_integral;
    char hostname[MPI_MAX_PROCESSOR_NAME];
```

第2章　1ノードのスーパーコンピューティング

```c
MPI_Init(&argc, &argv);
MPI_Comm_size(MPI_COMM_WORLD, &numprocs);   // プロセス数の取得
MPI_Comm_rank(MPI_COMM_WORLD, &rank);        // 現在のプロセスIDの取得
MPI_Get_processor_name(hostname, &length);  // ホスト名の取得

if(rank == 0)
{
    printf("\n");
    printf("##################################################");
    printf("\n\n");
    printf("Master node name: %s\n", hostname);
    printf("\n");
    printf("Enter number of intervals:\n");
    printf("\n");
    scanf("%d",&n);
    printf("\n");
}


// すべてのプロセスに分割数nをブロードキャスト
MPI_Bcast(&n, 1, MPI_INT, 0, MPI_COMM_WORLD);

// 以下のループは，繰り返しの最大数を増やすことでプロセッサの計算速度を
// テストする追加作業を提供する
for(total_iter = 1; total_iter < n; total_iter++)
{
    sum=0.0;
    width = 1.0 / (double)total_iter; // 分割幅
    // width = 1.0 / (double)n; // 分割幅

    for(i = rank + 1; i <= total_iter; i += numprocs)
    // for(i = rank + 1; i <= n; i += numprocs)
    {
        x = width * ((double)i - 0.5); // x: i番目の分割の中心への距離
        sum += 4.0/(1.0 + x*x); // 与えられたランク（識別番号）の個々の分割の高さの合計
    }

    // 与えられたランク（識別番号）に対する分割の近似面積（πの値）
    rank_integral = width * sum;

    // すべてのプロセスから部分面積（π）の値を収集して足す
    MPI_Reduce(&rank_integral, &pi, 1, MPI_DOUBLE, MPI_SUM, 0, MPI_COMM_WORLD);
} // for(total_iter = 1; total_iter < n; total_iter++) の終了

if(rank == 0)
{
    printf("\n\n");
    printf("*** Number of processes: %d\n", numprocs);
    printf("\n\n");
    printf("      Calculated pi = %.16f\n", pi);
    printf("                M_PI = %.16f\n", M_PI);
    printf("      Relative Error = %.16f\n", fabs(pi-M_PI));
    // printf("Process %d on %s has the partial result of %.16f\n",
    //        rank, hostname, rank_integral);
}

// クリーンアップ，MPIの終了
MPI_Finalize();
```

2.5 メッセージパッシングインターフェース

```
    return 0;
} // int main(int argc, char* argv[]) の終了
```

このMPI版Cコードをコンパイルし，実行します．実行結果を以下に示します[6]．プログラムの結果の下に示されている，実行時間の表示に用いられるtimeコマンドの実行結果に注目してください．次々にプロセスやスレッドが稼動するにつれ，実行時間が徐々に減少することがわかるでしょう．

```
carlospg@gamma:~/デスクトップ $ time mpiexec -n 1 MPI_08_b

####################################################

Master node name: gamma

Enter number of intervals:

300000

*** Number of processes: 1

    Calculated pi = 3.1415926535907133
            M_PI = 3.1415926535897931
    Relative Error = 0.0000000000009202

real    2m37.693s
user    2m27.356s
sys     0m0.0008s
```

```
carlospg@gamma:~/デスクトップ $ time mpiexec -n 4 MPI_08_b

####################################################

Master node name: gamma

Enter number of intervals:

300000

*** Number of processes: 4

    Calculated pi = 3.1415926535907128
            M_PI = 3.1415926535897931
    Relative Error = 0.0000000000009197

real    1m20.045s
user    4m53.660s
sys     0m0.0008s
```

---

[6] 訳注：以下，紙面の都合により2行以上にわたる空行を1行で表示しています．

第2章 1ノードのスーパーコンピューティング

```
carlospg@gamma:~/デスクトップ $ time mpiexec -n 8 MPI_08_b

######################################################

Master node name: gamma

Enter number of intervals:

300000

*** Number of processes: 8

     Calculated pi = 3.1415926535907150
             M_PI = 3.1415926535897931
    Relative Error = 0.0000000000009219


real    0m59.076s
user    5m2.672s
sys     1m25.8688s
```

▶ 2.5.3 重要な MPI ループ構造

さて，逐次 π コードの MPI 版の最も重要な構造について説明します．それは，for(i = rank + 1; i <= total_iter; i += numprocs) ステートメントです．この構造は個々のプロセス間にデータを割り当てます．著者はデジタル命令をするために 8 スレッド（1 コア 2 スレッド）すべてを選択したので，numprocs 変数は値 8 を持ちます．したがって，8 つのプロセス，つまりランク（識別番号）0, 1, 2, 3, 4, 5, 6, 7 に対し，π 関数の曲線の下の 300,000 分割された領域の i 番目が，次のように割り当てられます．

ランク	ループ1	ループ2	ループ3	ループ4	ループ5	ループ6	ループ7	ループ8	ループ9	⋯
0	1	9	17	25	33	41	49	57	65	⋯
1	2	10	18	26	34	42	50	58	66	⋯
2	3	11	19	27	35	43	51	59	67	⋯
3	4	12	20	28	36	44	52	60	68	⋯
4	5	13	21	29	37	45	53	61	69	⋯
5	6	14	22	30	38	46	54	62	70	⋯
6	7	15	23	31	39	47	55	63	71	⋯
7	8	16	24	32	40	48	56	64	72	⋯

ランク 0 は 1, 9, 17, 25, 33, 41, 49, 57, 65 番目などの領域に割り当てられ，ランク 1 は 2, 10, 18, 26, 34, 42, 50, 58, 66 番目などの領域に割り当てられ…，と続きます．この表は 300,000 番目の領域のループ（イタレーション）まで伸びます．各ランクに対し，i 番目の領域の中心への距離 x は，$x = $ 領域の幅（width）$\times$（i 番目 $- 0.5$）で表されます．この x の値は，そのランクつまりプロセッサコア内の i 番目の領域の高さを計算するのに用いられます．与えられたランクで計算した高さは，各ループで続けて (sum += 4.0/(1.0 + x * x)) で合計され，そのプロセスの一時メモリに蓄えられます．sum 変数は各プロセスで使用されていたとしても，それはそのプロセスに対して一意のメモリ位置であることに注意してください．したがって，あるプロセスからのデータ

と，コア内の別のプロセスにあるデータとは，もしそれらのプロセスが同じ変数名を使用していたとしても，互いに影響しません．これは理解しにくいことかもしれません．しかし，ストリート用語で言われるとおり，それが MPI のやり方（That's how MPI rolls）なのです．300,000 番目のループの後，各プロセスや各コアからの部分和は，`MPI_Reduce` 関数によって結合され合計され，π の全体的な値が求められます．ランク 0（プロセス 0）に結果を表示させていることに注意してください．これが標準的な操作手順です．

外側の `for` ループは，簡単な π 計算の計算時間を増やすために用いられます．賢明な読者は，MPI プロトコルを用いた 1 コアの計算時間が，同じコアを使用した逐次コードより遅い，すなわち，2m37.693s に対して 0m0.039s であることに気づいたでしょう．これは，外側の `for` ループが，コードを実行するにつれて上限 `total_iter`（繰り返しの最大値）の値を徐々に増やすために起こります．意図的に処理時間を増加させることで，コアを追加していった際に大幅に計算時間を短縮する手助けができます．そうでなければ，最大数のコアを使用してこの簡単な π 計算を実行すると，計算は極めて短い時間で終わります．これはスーパーコンピューティングの初心者にはあまりうれしいことではありません．読者は，自分で組み立てた Pi2 や Pi3 スーパーコンピュータが，汗をかきかき懸命に働くところを見たいでしょう．

実際に研究目的で運用するときは，いつでもこの人為的な制限（制限モード）を削除して，最大の計算能力を発揮させることができます．外側の `for` 文をコメントアウトし，内側の `for` を `for(i = rank + 1; i <= n; i += numprocs)` と入れ替えて試してみてください．n の値はコードを最初に実行したときに入力した繰り返しの最大数です．すぐ次の文のコメントを外し，`width = 1.0/(double)total_iter` もコメントアウトするのを忘れないようにしてください．これにより，π の計算時間が大幅に減少するはずです．

追加のスレッド，プロセス，コアを稼動させると実行時間がどれくらい短縮するかに注意してください．たった今，並列処理が優れていることが明らかである証拠をつかみました．より大胆に，コードを変更したり，1.7 節で示したウェブサイトに挙げられている他の MPI 関数を使って新しいコードを書いたりして，コーディングスキルを向上させましょう．

MPI の実行を体験したので，次は，有名な数学者オイラー，ライプニッツ，ニーラカンタによって発見された 3 つの魅惑的な π 方程式を書いて実行しましょう．まず，スイスの数学者であり，物理学者，天文学者，論理学者，技術者であるオイラーの方程式に取り組みます．

$$\frac{\pi^2}{6} = \sum_{k=1}^{\infty} \frac{1}{k^2}$$

$$\pi = \sqrt[2]{\sum_{k=1}^{\infty} \frac{6}{k^2}}$$

ダウンロードしたコードをコピーするか，`vim Euler.c` コマンドを使ってファイルを作ります．`mpicc Euler.c -o Euler -lm` コマンドを使って，ファイルをコンパイルします．`-lm` は `math.h` が使用する数学ライブラリをリンクします．`mpiexec -n x Euler` でプログラムを実行します．`x` は使用したいスレッドやコアの数に置き換えてください．

第 2 章　1 ノードのスーパーコンピューティング

▶ 2.5.4　MPI 版オイラーコード

オイラーのコードを以下に示します.

```c
// Euler.c:
#include <mpi.h>    // (Open)MPIライブラリ
#include <math.h>   // 数学ライブラリ
#include <stdio.h>  // 標準入出力ライブラリ

int main(int argc, char* argv[])
{
    int total_iter;
    int n,rank,length,numprocs,i;
    double sum,sum0,rank_integral,A;
    char hostname[MPI_MAX_PROCESSOR_NAME];

    MPI_Init(&argc, &argv);                   // MPIの初期化
    MPI_Comm_size(MPI_COMM_WORLD, &numprocs); // プロセス数の取得
    MPI_Comm_rank(MPI_COMM_WORLD, &rank);     // 現在のプロセスIDの取得
    MPI_Get_processor_name(hostname, &length); // ホスト名の取得

    if(rank == 0)
    {
        printf("\n");
        printf("###################################################");
        printf("\n\n");
        printf("Master node name: %s\n", hostname);
        printf("\n");
        printf("Enter the number of intervals:\n");
        printf("\n");
        scanf("%d",&n);
        printf("\n");
    }

    // すべてのプロセスに分割数nをブロードキャスト
    MPI_Bcast(&n, 1, MPI_INT, 0, MPI_COMM_WORLD);

    // 以下のループは, 繰り返しの最大数を増やすことでプロセッサの計算速度を
    // テストする追加作業を提供する
    for(total_iter = 1; total_iter < n; total_iter++)
    {
        sum0 = 0.0;
        for(i = rank + 1; i < total_iter; i += numprocs)
        {
            A = 1.0/(double)pow(i,2);
            sum0 += A;
        }

        rank_integral = sum0; // 与えられたランク（識別番号）に対する部分和

        // 与えられたランク（識別番号）に対する分割の近似面積（πの値）
        MPI_Reduce(&rank_integral, &sum, 1, MPI_DOUBLE,MPI_SUM, 0, MPI_COMM_WORLD);

    } // for(total_iter = 1; total_iter < n; total_iter++) の終了
```

2.5 メッセージパッシングインターフェース

```
    if(rank == 0)
    {
        printf("\n\n");
        printf("*** Number of processes: %d\n",numprocs);
        printf("\n\n");
        printf("    Calculated pi = %.30f\n", sqrt(6*sum));
        printf("             M_PI = %.30f\n", M_PI);
        printf("    Relative Error = %.30f\n", fabs(sqrt(6*sum)-M_PI));
        printf("\n");
    }

    // クリーンアップ，MPIの終了
    MPI_Finalize();

    return 0;
} // int main(int argc, char* argv[]) の終了
```

オイラーのコードを実行してみましょう．

```
carlospg@gamma:~/デスクトップ $ time mpiexec -n 1 Euler

####################################################

Master node name: gamma

Enter the number of intervals:

300000

*** Number of processes: 1

    Calculated pi = 3.141589470484041246578499340103
             M_PI = 3.141592653589793115997963468544
    Relative Error = 0.000003183105751869419464128441

real   3m51.168s
user   3m45.792s
sys    0m0.012s
```

```
carlospg@gamma:~/デスクトップ $ time mpiexec -n 2 Euler

####################################################

Master node name: gamma

Enter the number of intervals:

300000

*** Number of processes: 2

    Calculated pi = 3.141589470484066115574250943610
             M_PI = 3.141592653589793115997963468544
    Relative Error = 0.000003183105727000423712524935
```

```
real    2m0.190s
user    3m55.128s
sys     0m0.020s
```

```
carlospg@gamma:~/デスクトップ $ time mpiexec -n 3 Euler

######################################################

Master node name: gamma

Enter the number of intervals:

300000

*** Number of processes: 3

    Calculated pi = 3.1415894704840257034561545879119
            M_PI  = 3.1415926535897931159977963468544
    Relative Error = 0.0000031831057674125418088800633

real    1m32.108s
user    4m27.736s
sys     0m0.016s
```

```
carlospg@gamma:~/デスクトップ $ time mpiexec -n 4 Euler

######################################################

Master node name: gamma

Enter the number of intervals:

300000

*** Number of processes: 4

    Calculated pi = 3.1415894704840470197382273900917
            M_PI  = 3.1415926535897931159977963468544
    Relative Error = 0.0000031831057460962597360776277

real    1m14.463s
user    4m51.544s
sys     0m0.040s
```

 より多くのコアを稼動させるにつれ，実行時間が減少します．

次に，ドイツの博学者，哲学者で，アイザック・ニュートン卿とともに微分積分法の発明者であるライプニッツのコードを書いて，実行してみましょう[7].

$$\frac{\pi}{4} = 1 - \frac{1}{3} + \frac{1}{5} - \frac{1}{7} + \frac{1}{9} - \cdots$$

$$\pi = \sum_{k=0}^{\infty} (-1)^k \frac{4}{2k+1}$$

ダウンロードしたコードをコピーするか，vim Leibniz.c コマンドを使ってファイルを作ります．mpicc Gregory_Leibniz.c -o Gregory_Leibniz -lm でファイルをコンパイルします．-lm は math.h が使用する数学ライブラリをリンクします．mpiexec -n x Gregory_Leibniz でプログラムを実行します．x は使用したいスレッドやコアの数に置き換えてください．

▶ 2.5.5 MPI 版ライプニッツコード

グレゴリー＝ライプニッツのコードは次のとおりです．

```c
// Gregory_Leibniz.c:
#include <mpi.h>    // (Open)MPIライブラリ
#include <math.h>   // 数学ライブラリ
#include <stdio.h> // 標準入出力ライブラリ

int main(int argc, char* argv[])
{
    int total_iter;
    int n, rank,length,numprocs;
    double rank_sum,pi,sum,A;
    unsigned long i,k;
    char hostname[MPI_MAX_PROCESSOR_NAME];

    MPI_Init(&argc, &argv);                     // MPIの初期化
    MPI_Comm_size(MPI_COMM_WORLD, &numprocs);   // プロセス数の取得
    MPI_Comm_rank(MPI_COMM_WORLD, &rank);        // 現在のプロセスIDの取得
    MPI_Get_processor_name(hostname, &length); // ホスト名の取得

    if(rank == 0)
    {
        printf("\n");
        printf("###############################################");
        printf("\n\n");
        printf("Master node name: %s\n", hostname);
        printf("\n");
        printf("Enter the number of intervals:\n");
        printf("\n");
        scanf("%d",&n);
        printf("\n");
    }

    // すべてのプロセスに分割数nをブロードキャスト
    MPI_Bcast(&n, 1, MPI_INT, 0, MPI_COMM_WORLD);
```

---

[7] 訳注：スコットランド生まれの数学者ジェームス・グレゴリーも同じ発見をしており，この式はグレゴリー＝ライプニッツ級数とも呼ばれます．

第2章　1ノードのスーパーコンピューティング

```
    // 以下のループは，繰り返しの最大数を増やすことでプロセッサの計算速度を
    // テストする追加作業を提供する
    for(total_iter = 1; total_iter < n; total_iter++)
    {
        sum = 0.0;
        for(i = rank + 1; i <= total_iter; i += numprocs)
        {
            k = i-1;
            A = (double)pow(-1,k)* 4.0/(double)(2*k+1);

            sum += A;
        }

        rank_sum = sum; // 与えられたランク（識別番号）に対する部分和

        // すべてのプロセスから部分和の値を集めて足す
        MPI_Reduce(&rank_sum, &pi, 1, MPI_DOUBLE,MPI_SUM, 0, MPI_COMM_WORLD);

    } // for(total_iter = 1; total_iter < n; total_iter++) の終了

    if(rank == 0)
    {
        printf("\n\n");
        printf("*** Number of processes: %d\n",numprocs);
        printf("\n\n");
        printf("    Calculated pi = %.30f\n", pi);
        printf("            M_PI = %.30f\n", M_PI);
        printf("    Relative Error = %.30f\n", fabs(pi-M_PI));
        printf("\n");
    }

    // クリーンアップ，MPIの終了
    MPI_Finalize();

    return 0;
} // int main(int argc, char* argv[]) の終了
```

グレゴリー＝ライプニッツのコードを実行しましょう．

```
carlospg@gamma:~/デスクトップ $ time mpiexec -n 1 Gregory_Leibniz

###################################################

Master node name: gamma

Enter the number of intervals:

300000

*** Number of processes: 1

    Calculated pi = 3.141595986934242024091190614854
            M_PI = 3.141592653589793115997963468544
    Relative Error = 0.000003333344448908093227146310

real   25m13.914s
```

38

2.5　メッセージパッシングインターフェース

```
user   25m8.500s
sys    0m0.012s
```

```
carlospg@gamma:~/デスクトップ $ time mpiexec -n 2 Gregory_Leibniz

####################################################

Master node name: gamma

Enter the number of intervals:

300000

 *** Number of processes: 2

      Calculated pi = 3.14159598693365893495865 7482639
              M_PI = 3.14159265358979311599796 3468544
     Relative Error = 0.0000033333438658189606 94014095

real   13m5.893s
user   26m5.500s
sys    0m0.052s
```

```
carlospg@gamma:~/デスクトップ $ time mpiexec -n 3 Gregory_Leibniz

####################################################

Master node name: gamma

Enter the number of intervals:

300000

*** Number of processes: 3

      Calculated pi = 3.14159598693420205606230 4109219
              M_PI = 3.14159265358979311599796 3468544
     Relative Error = 0.0000033333444089400643 40640674

real   8m57.444s
user   26m46.880s
sys    0m0.040s
```

```
carlospg@gamma:~/デスクトップ $ time mpiexec -n 4 Gregory_Leibniz

####################################################

Master node name: gamma

Enter the number of intervals:

300000
```

39

```
*** Number of processes: 4

     Calculated pi = 3.1415959869343215160597537760620
              M_PI = 3.1415926535897931159979634685440
    Relative Error = 0.0000003333344528400061790307518

real    7m14.118s
user    28m31.732s
sys     0m0.116s
```

 より多くのコアを稼動させるにつれ，実行時間が減少します．

次に，才能あふれるインドの数学者であり，天文学者でもあったニーラカンタのコードを書いて，実行してみましょう．

$$\pi = 3 + \frac{4}{2 \times 3 \times 4} - \frac{4}{4 \times 5 \times 6} + \frac{4}{6 \times 7 \times 8} - \frac{4}{8 \times 9 \times 10} + \cdots$$

$$\pi = 3 + \sum_{k=0}^{\infty} (-1)^{(k+2)} \left(\frac{4}{(2k+2)(2k+3)(2k+4)} \right)$$

ダウンロードしたコードをコピーするか，`vim Nilakantha.c` コマンドを使ってファイルを作ります．`mpicc Nilakantha.c -o Nilakantha -lm` でファイルをコンパイルします．`-lm` は math.h が使用する数学ライブラリをリンクします．`mpiexec -n x Nilakantha` でプログラムを実行します．x は使用したいスレッドやコアの数に置き換えてください．

▶ 2.5.6 MPI 版ニーラカンタコード

ニーラカンタのコードは，次のように与えられます．

```c
// Nilakantha.c:
#include <mpi.h>    // (Open)MPIライブラリ
#include <math.h>   // 数学ライブラリ
#include <stdio.h>  // 標準入出力ライブラリ

int main(int argc, char* argv[])
{
    int total_iter;
    int n,rank,length,numprocs,i,j,k;
    double sum,sum0,rank_integral,A,B,C;
    char hostname[MPI_MAX_PROCESSOR_NAME];

    MPI_Init(&argc, &argv);                          // MPIの初期化
    MPI_Comm_size(MPI_COMM_WORLD, &numprocs);        // プロセス数の取得
    MPI_Comm_rank(MPI_COMM_WORLD, &rank);            // 現在のプロセスIDの取得
    MPI_Get_processor_name(hostname, &length);       // ホスト名の取得

    if(rank == 0)
    {
        printf("\n");
```

2.5 メッセージパッシングインターフェース

```c
        printf("####################################################");
        printf("\n\n");
        printf("Master node name: %s\n", hostname);
        printf("\n");
        printf("Enter the number of intervals:\n");
        printf("\n");
        scanf("%d",&n);
        printf("\n");
    }

    // すべてのプロセスに分割数nをブロードキャスト
    MPI_Bcast(&n, 1, MPI_INT, 0, MPI_COMM_WORLD);

    // 以下のループは，繰り返しの最大数を増やすことでプロセッサの計算速度を
    // テストする追加作業を提供する
    for(total_iter = 1; total_iter < n; total_iter++)
    {
        sum0 = 0.0;
        for(i = rank + 1; i <= total_iter; i += numprocs)
        {
            j = i-1;
            k = (2*j+1);

            A = (double)pow(-1,j+2);
            B = 4.0/(double)((k+1)*(k+2)*(k+3));
            C = A * B;

            sum0 += C;
        }

        rank_integral = sum0; // 与えられたランク（識別番号）に対する部分和

        // すべてのプロセスから部分和の値を集めて足す
        MPI_Reduce(&rank_integral, &sum, 1, MPI_DOUBLE,MPI_SUM, 0, MPI_COMM_WORLD);

    } // for(total_iter = 1; total_iter < n; total_iter++) の終了

    if(rank == 0)
    {
        printf("\n\n");
        printf("*** Number of processes: %d\n",numprocs);
        printf("\n\n");
        printf("     Calculated pi = %.30f\n", (3+sum));
        printf("              M_PI = %.30f\n", M_PI);
        printf("    Relative Error = %.30f\n", fabs((3+sum)-M_PI));
        printf("\n");
    }

    // クリーンアップ，MPIの終了
    MPI_Finalize();

    return 0;
} // int main(int argc, char* argv[]) の終了
```

第2章　1ノードのスーパーコンピューティング

ニーラカンタのコードを実行しましょう.

```
carlospg@gamma:~/デスクトップ $ time mpiexec -n 1 Nilakantha

####################################################

Master node name: gamma

Enter the number of intervals:

300000

*** Number of processes: 1

    Calculated pi = 3.14144879273228649907423459808083
            M_PI = 3.14159265358979311599796346854544
    Relative Error = 0.00014386085750661692372887870461

real  24m37.130s
user  24m31.772s
sys    0m0.008s
```

```
carlospg@gamma:~/デスクトップ $ time mpiexec -n 2 Nilakantha

####################################################

Master node name: gamma

Enter the number of intervals:

300000

*** Number of processes: 2

    Calculated pi = 3.14144879273229093996333098710
            M_PI = 3.14159265358979311599796346854544
    Relative Error = 0.00014386085750217603163030369835

real  12m36.831s
user  25m6.088s
sys    0m0.008s
```

```
carlospg@gamma:~/デスクトップ $ time mpiexec -n 3 Nilakantha

####################################################

Master node name: gamma

Enter the number of intervals:

300000

*** Number of processes: 3
```

42

```
        Calculated pi = 3.14144879273229005178791339858 4
                 M_PI = 3.141592653589793115997963468544
       Relative Error = 0.000143860857503064210050069960

real    9m0.872s
user    26m30.512s
sys     0m0.052s
```

```
carlospg@gamma:~/デスクトップ $ time mpiexec -n 4 Nilakantha

#######################################################
Master node name: gamma

Enter the number of intervals:

300000

*** Number of processes: 4

        Calculated pi = 3.141448792732288275431107399833 4
                 M_PI = 3.141592653589793115997963468544
       Relative Error = 0.000143860857504840566889470210

real    6m56.071s
user    27m10.824s
sys     0m0.052s
```

 より多くのコアを稼動させるにつれ，実行時間が減少します．

さて，読者が自由に使える強力なパワーを試したので，待望の Pi2/Pi3 スーパーコンピュータの構築へと進みましょう．

2.6 まとめ

本章では，Linux をメイン PC にインストールしました．複数コアが搭載されている PC の 1 つのコアを使い，逐次処理で π を求める簡単なコードを書いて，実行しました．そして，複数コアのプロセッサを持つ PC において，各コア（プロセス）上で呼び出される MPI コードを初めて書いて，実行しました．この知識・技術をもとにして，簡単な逐次 π コードの MPI 版を書いて実行しました．また，その過程で，本書の目的である並列処理を達成するために，for ループを使ってプロセッサ上のコア間にタスクを分散させる方法を学びました．最後に，MPI コーディング技術の理解を深めるために，オイラー，ライプニッツ，ニーラカンタの無限級数から π の値を生成する方法を学びました．

第 3 章では，Pi2/Pi3 スーパーコンピュータの最初の 2 つのノードを設定する方法を学びます．

第 II 部

Pi スーパーコンピュータの構築

第3章

最初の2ノードを準備する

　複数ノードのPi2/Pi3スーパーコンピュータを構築するには，まず最初の2つのノード（マスターと1つ目のスレーブ）を設定する必要があります．この設定を済ますと，スーパースタックの処理能力を拡大するとき，1つ目のスレーブノード（スレーブ1）のディスクイメージ（後述）をコピーして，任意の数の残りのスレーブノードを生成することができます．3.1節で，部品の一覧を示します．次に，Piマイクロコンピュータとその技術仕様について学びます．さらに，メインPCからマスターノードに必要なテストコードを転送する準備として，マスターのPiノードを設定する方法を説明します．最後に，2ノードのスーパーコンピュータを作るためにスレーブ1ノードを設定します．

　本章では，次の内容を学びます．

- Pi2/Pi3スーパーコンピュータに必要な部品一覧
- Piマイクロコンピュータの起源
- Piプロセッサの重要な仕様
- マスターノードの設定方法
- メインPCからマスターノードへ必要なコードを転送する方法
- 2ノードのPi2/Pi3スーパーコンピュータの1つ目のスレーブノードの設定方法

3.1 ｜ 部品一覧

　Amazon，Adafruit，または他のオンラインの玩具店や電子部品店で，全部もしくは一部の部品を購入することができます．著者はAmazonで購入した部品だけで，スーパーコンピュータを構築しました．

　以下は，スーパーコンピュータを構築するのに必要な部品の一覧です[1]．

---

[1] 訳注：訳者が使用した部品一覧は，巻末の「訳者あとがき」をご覧ください．

3.2 Pi2/Pi3 コンピュータ

- 8 台の Raspberry Pi2/Pi3 モデル B コンピュータ（$8 \times \$39.99 = \$319.32$）
- Addicore 社[2]の Raspberry Pi 用アルミ製ヒートシンクセット（$8 \times \$4.95 = \$39.60$）
- Cable Matters 社[3]の 8 パック 8 色（長さ 1 m）イーサネットパッチケーブル（$1 \times \$12.99 = \$12.99$）
- メイン PC に繋ぐための余分のイーサネットパッチケーブル
- SanDisk 社もしくは他社の 16 GB SD カード 8 枚，NOOBS がプリロードされたもの（任意，ウェブサイトからダウンロード可能）．10 パック買って節約（$1 \times \$49.43 = \$49.43$）
- HDZ Concepts 社の Raspberry Pi2/Pi3 モデル B 用積み重ね可能ケース（Sidewinder）4 セット（$4 \times \$15.98 = \$63.92$）
- Sabrent 社の 60 W（12 A）10 ポート家庭用デスクトップ USB 急速充電器（$1 \times \$37.99 = \$37.99$）
- Sabrent 社の 22 AWG プレミアム 1 m マイクロ USB ケーブル 8 本．6 パックと 3 パックを買う必要があるかもしれません．（$1 \times \$9.99 = \$9.99$）
- EDIMAX Technology 社のワイヤレス EW-7811Un 15Mbps 11n Wi-Fi USB アダプタ 1 個[4]（$1 \times \$8.99 = \$8.99$）
- HPE 社ネットワーキング BTO JG536A#ABA 1910-8 マネージドスイッチ 1 台（$1 \times \$85.99 = \$85.99$）
- 作業エリアとルーターが離れている場合は，延長イーサネットケーブル 1 本．著者はワークステーションとルーターを結ぶのに 15 m のケーブルを買う必要がありました．
- Raspberry Pi2 ボードと接続する HDMI コネクタ付き高解像度モニター 1 台．例えば，SunFounder 社[5]の 7 インチ HD 1024 × 600 TFT 液晶スクリーンディスプレイ 1 台（$1 \times \$59.99 = \$59.99$）
- C2G（Cables to Go）社[6]の 43036 0.4 m ケーブルタイ，100 パック（黒）1 袋（$1 \times \$3.07 = \$3.07$）
- AmazonBasics 高速 HDMI ケーブル，1.0 m（最新規格）1 本（$1 \times \$4.99 = \$4.99$）
- Riitek 社の Rii Mini K12 キーボード 1 台，もしくは，Anker 社の CB310 フルサイズ・エルゴノミック・ワイヤレスキーボード/マウスコンボ[7]（$1 \times \$39.99 = \$39.99$）

3.2 Pi2/Pi3 コンピュータ

Raspberry Pi2 モデル B には，いくつかの種類があります．Pi2 より性能が劣るものも，Pi3 のように優れているものもあります．しかし，以下の試みでは，Pi3（Pi3 については第 8 章で説明します）ではなく，Pi2 を使用します．

Pi のテクノロジーは，2012 年 2 月にイギリスで考案されました．デバイスは，イギリスの学

---

[2] 訳注：https://www.addicore.com/
[3] 訳注：http://www.cablematters.com/
[4] 訳注：Raspberry Pi 公式でサポートされている Wi-Fi USB アダプタ．おそらく必要ありません．
[5] 訳注：https://www.sunfounder.com/
[6] 訳注：https://www.cablestogo.com/
[7] 訳注：Anker CB310 は取り扱い終了．

びの場でコンピュータ科学の基礎教育を整えるべきだという，Raspberry Pi 財団のアイデアの成果です．低価格のテクノロジーは，イギリスで，そしてアメリカでもあっという間に人気を得ました．デバイスの急速な広がりに貢献したのは，オープンソースの Linux ベースのオペレーティングシステムです．Linux OS は世界中の技術オタクにとって魅力的な存在で，彼らは読者が今から構築するスーパーコンピュータなど，開発者が想像もしていない方法でこの Pi マイクロコンピュータを使用しています．

この有能で小さなデバイスのさまざまな用途を確かめるためには，Raspberry Pi のウェブサイト https://www.raspberrypi.org をご覧ください．Pi2 のさらなる技術的詳細は，Adafruit の PDF 文書 https://cdn-shop.adafruit.com/pdfs/raspberrypi2modelb.pdf や https://cdn-learn.adafruit.com/downloads/pdf/introducing-the-raspberry-pi-2-model-b.pdf，また raspberrypi.org のページ https://www.raspberrypi.org/products/raspberry-pi-2-model-b/ で得られます．

図 3.1 は Raspberry Pi2 を上から撮った写真です．イーサネットコントローラとブロードコム製の**中央処理装置（CPU）**マイクロチップにアルミ製冷却フィンが貼りつけられているのが確認できます．

図 3.1　Raspberry Pi2 モデル B を上から見たところ

図 3.2 は，Raspberry Pi2 を下から撮った写真です．プリント回路ボードの真ん中左にあるスロットに挿された SD カードと，ボードのほぼ真ん中にある RAM チップ（四角の黒い部品）に注意してください．

Pi2 モデル B は，1 コアで 1 処理スレッドを実行できる 4 コア CPU と，1 GB のランダムアクセスメモリ（RAM）を搭載しています．各 CPU コアは 900 MHz のクロック速度で動作します．すなわち，プロセッサは 900,000,000 **サイクル毎秒（CPS）**で計算を実行します（CPSと **FLOPS（浮動小数点演算毎秒）**との関係は，https://en.wikipedia.org/wiki/FLOPS[8]や https://www.quora.com/How-do-you-convert-GHz-to-FLOPS で調べられます）．

ただし，オーバークロックし，1 GHz で Pi2（Pi3 ではありません．Pi3 のクロック速度は 1.2 GHz で固定です）を動作させることができます．この速度向上を実現する方法につ

---

[8] 訳注：https://ja.wikipedia.org/wiki/FLOPS

図 3.2 Raspberry Pi2 モデル B を下から見たところ

いては，3.5 節で説明します．オーバークロックすると，CPU 内の温度が上昇します．しかし，この熱問題は単にチップの表面に冷却フィンを付けることで軽減でき，それによってプロセッサの耐用期間を損なわずに済みます．フィンは Amazon，Adafruit や，Pi 基板を販売している他のオンラインストアで購入できます．もちろん，より新しく安価な Pi3 (https://www.raspberrypi.org/products/raspberry-pi-3-model-b/) を Pi2 の代わりに使用することもできます．

3.3 プロジェクト概要

Raspberry Pi でスーパーコンピュータを作るというプロジェクトでは，次のステップを実行します．

1. まず，1 ノード 4 コアの Pi2/Pi3 スーパーコンピュータを設定します（3.5 節）．
2. 2.4 節で説明した簡単な π の方程式を，4 コアすべてで同時に解くように命令します（Open MPI を使用）（3.6 節）．
3. 次に，2 ノード 8 コアの Pi2/Pi3 スーパーコンピュータの組み立てに進みます．互いに並列に動作するように設定します．そして，再び 8 コアすべてを利用して前述の π プログラムを実行します（第 4 章～第 6 章）．
4. 最後に，8 ノード 32 コアもしくは 64 コアの Pi2/Pi3 スーパーコンピュータを構築します（第 7 章，第 8 章）．そして，そのスーパーコンピュータに，かなり大きな方程式を素早く大量に処理して解くように命じます（付録の方程式を参照）．これらの方程式には，2 回しか繰り返しをしないものもあれば，優れた π の近似値を生成するために数百や数千，数百万の繰り返しをするものもあります．

実際に複雑な計算を解くために稼働させるコア数を次々と増やすと（1 から 32 もしくは 64 まで），処理時間が徐々に短くなり，読者はきっとその結果に満足するでしょう．

次節以降，8 ノードの Pi2/Pi3 スーパーコンピュータの構築と設定について説明します．

3.4 山積みの部品

スーパークラスタを組み立てるのに使用するハードウェアを見てみましょう．まずは，Pi コンピュータ上のマイクロチップを冷やすアルミ製冷却フィンです（図 3.3）．

図 3.3　アルミ製冷却フィン（8 セット必要）

次は，2 ノードのスーパーコンピュータを構成する 2 つの Pi2 を固定する，積み重ね可能なケースです（図 3.4）．8 もしくは 16 ノードのスーパーコンピュータを構築するときは，この上に積み重ねます．

図 3.4　Pi2 や Pi3 を固定する積み重ね可能なケース "Sidewinder"

図 3.5 は，クラスタをネットワークスイッチに接続するのに使用する，色分けされたイーサネットケーブルです．図 3.6 は，スーパークラスタに電源を供給するのに使用する，Sabrent 社の 60 W（12 A）10 ポート家庭用デスクトップ USB 急速充電器です．図 3.7 は，スーパーコンピュータ内のノードを接続する，HPE 社のネットワーキング BTO JG536A#ABA 1910-8 マネージドスイッチです．図 3.8 は，スーパークラスタと一緒に使う Rii Mini K12 ステンレス製カバー無線キーボードです．他のキーボードでも構いません．

3.4 山積みの部品

図 3.5 Cable Matters 社の 8 色コンボカテゴリー 5e スナッグレス型イーサネットパッチケーブル（1 m）

図 3.6 Sabrent 社の 60 W（12 A）10 ポート家庭用デスクトップ USB 急速充電器

図 3.7 HPE 社のネットワーキング BTO JG536A#ABA 1910-8 マネージドスイッチ

図 3.8 無線アダプタ付き Rii Mini K12 ステンレス製カバー無線キーボード

51

図 3.9 は完成した 8 ノードの Pi2/Pi3 スーパーコンピュータです．

図 3.9　完成した Pi2/Pi3 スーパークラスタ

ていねいにハードウェアを開梱し，図 3.9 に示しているように組み立てます．

1. すべての Pi2/Pi3 の Broadcom 製 CPU に，アルミ製冷却フィンを付けます．
2. Pi2/Pi3 タワーを組み立てます．簡単なので，図 3.9 を見てください．
3. 色分けされたイーサネットケーブルで，ネットワークスイッチの 8 つの入力ポートと Pi2/Pi3 を接続します．
4. マスターにする Pi2/Pi3 と HDMI モニターを HDMI ケーブルで接続します．
5. 電源を供給する 8 本のマイクロ USB ケーブルにラベルを貼り，Pi2/Pi3 に接続します．ソケットは HDMI ソケットと同じ側にあります．マスターにした Pi2 が図 3.9 のタワーの右上隅にあることに注目してください．
6. マスターの Pi2/Pi3 のマイクロ USB ケーブルのみを，60 W（2 A）USB 急速充電器に接続します．
7. メイン PC とネットワークスイッチを追加のイーサネットケーブルで接続します（4.2 節を参照）．
8. NOOBS がインストールされた SD カードを，ラベル面が外側に来るようにして，マスターの Pi2/Pi3 に挿入します．スロットはスプリング式なので，カードを静かに挿入しなければなりません．カードを取り出すには，ゆっくり押し込んでカードのロックを解除します．

9. ネットワークスイッチとルーターを延長イーサネットケーブルで接続します（4.2 節を参照）．
10. ネットワークスイッチと急速充電器をコンセントに繋ぎ，電源を入れます．マスターの Pi2/Pi3 のみ通電されます．
11. Raspbian のみを選択し，［インストール］をクリックします．インストールには数分かかります．

3.5 マスターノードの準備

起動時に画面の下部にある US（もしくは読者の住む国の）キーボードオプションを選択します．起動が完了したら，図 3.10 のスクリーンショットから始めます．［メニュー］をクリックし，［設定］をクリックします．［Raspberry Pi の設定］を選択します．

図 3.10　メニューオプション

［システム］タブが現れます（図 3.11）．マスターの Pi の適切な［ホスト名］を入力します．［自動ログイン］にはすでにチェックマークが付いています．好みで［パスワードを変更］を選びます（図 3.12）．［インターフェイス］タブを選択します（図 3.13）．すべてのオプションで［有効］をチェックします．特に，セキュアシェル（SSH）でメイン PC から Pi2/Pi3 にリモートログインできるように，［SSH］を［有効］にすることを忘れないでください．他のオプションは，スーパーコンピューティング以外の他のプロジェクトで Pi2/Pi3 を利用するのに便利なので，オンにします．

図 3.11　［システム］タブ

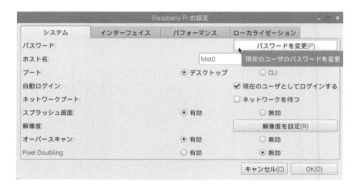

図 3.12　パスワードの変更

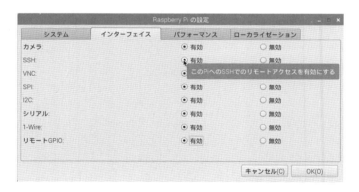

図 3.13　［インターフェイス］タブ

　次の重要なステップは，処理速度を 900 MHz から 1,000 MHz，すなわち 1 GHz に上げることです（このオプションは Pi2 でのみ有効）．［パフォーマンス］タブ（図 3.14）を開き，［高 (1000MHz)］を選択します．実際にスーパーコンピュータを構築するのですから，利用できる計算力をすべて集める必要があります．［GPU メモリ］はデフォルトのままにします．著者はマスターの Pi2 に 32 GB の SD カードを使用したので，［128］MB がデフォルトの設定です[9]．

---

[9] 訳注：https://www.raspberrypi.org/documentation/configuration/config-txt/memory.md にも書かれているように，SD にスワップする量はメモリ量に応じて決まります．

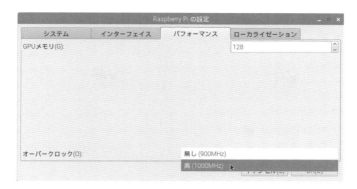

図 3.14 ［オーバークロック］オプション

プロセッサのクロック速度を変更するために Pi2 のリブートが必要です．［Yes］ボタンをクリックしましょう．

リブート後の次のステップは，Pi2/Pi3 ソフトウェアのアップデートとアップグレードです．Pi2/Pi3 モニター左上にある［LXTerminal］アイコンをクリックしましょう（図 3.15）．［LXTerminal］ウィンドウが現れたら，$ プロンプトに sudo apt update と入力します（図 3.16）．

図 3.15 ［LXTerminal］アイコン

図 3.16 ［LXTerminal］画面での Pi2/Pi3 ソフトウェアのアップデート

55

このアップデート処理には数分かかります．アップデートが完了したら，`sudo apt upgrade` と入力します．アップグレードも数分かかります．アップグレードが完了したら，`$` プロンプトに以下の各コマンドを入力します．

- `sudo apt install build-essential`
- `sudo apt install manpages-dev`
- `sudo apt install gfortran`
- `sudo apt install nfs-common`
- `sudo apt install nfs-kernel-server`
- `sudo apt install vim`
- `sudo apt install openmpi-bin`
- `sudo apt install libopenmpi-dev`
- `sudo apt install openmpi-doc`
- `sudo apt install keychain`
- `sudo apt install nmap`

これらのアップデートやインストールにより，Fortran，C，MPI コードの編集（`vim`）および実行や，マスター Pi2/Pi3 の操作とさらなる設定をすることができるようになります．さて，メイン PC からマスターの Pi2/Pi3 にコードを転送しましょう．

3.6　コードの転送

次のステップは，メイン PC からマスターの Pi2/Pi3 にコードを転送することです．その後，以前と同じように，コードをコンパイルして実行しましょう．ただし，先に進む前に，マスターの Pi2/Pi3 の IP アドレスを確認する必要があります．Pi のターミナルウィンドウで `ifconfig` コマンドを入力しましょう（図 3.17）．

著者の Pi2 の IP アドレスは 192.168.0.9（表示されたテキストの 2 行目を参照）で，MAC アドレスは b8:27:eb:99:f3:99（4 行目），ネットマスクアドレスは 255.255.255.0（2 行目）です．Pi やスイッチを設定するときに後ほど必要になるので，これらの数字を書きとめてください．

読者の IP アドレスは，先ほど太字で示した著者の IP アドレスと後半 2 つの数字を除いて似ているかもしれません．メイン PC に戻って，デスクトップディレクトリにあるコードディレクトリの中身を一覧表示します．つまり，`ls -la` と入力します．

```
carlospg@gamma:~ $ cd デスクトップ/Book_b
carlospg@gamma:~/デスクトップ/Book_b $ ls -la
合計 60
drwxr-xr-x 2 carlospg carlospg 4096  5月  7 03:21 .
drwxr-xr-x 3 carlospg carlospg 4096  5月  7 03:00 ..
-rwxr-xr-x 1 carlospg carlospg 8336  5月  7 03:12 C_PI
-rw-r--r-- 1 carlospg carlospg  882  5月  7 03:11 C_PI.c
```

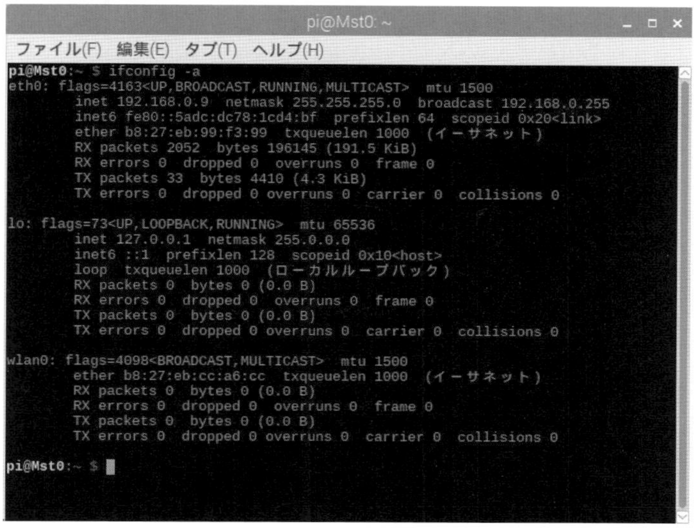

3.6 コードの転送

図 3.17 IP アドレスの確認

```
-rwxr-xr-x 1 carlospg carlospg 13008   5月   7 03:20 MPI_08_b
-rw-r--r-- 1 carlospg carlospg  2680   5月   7 03:19 MPI_08_b.c
-rwxr-xr-x 1 carlospg carlospg  8592   5月   7 03:15 call-procs
-rw-r--r-- 1 carlospg carlospg   964   5月   7 03:15 call-procs.c
```

著者の Linux 環境でのプロセッサ名[*10]は gamma です．正しいコードディレクトリにいない場合，cd デスクトップ に続きコードファイルへのパスを入力してディレクトリを変更します．著者のファイルは，Book_b ディレクトリに保存されています．

SFTP（secure file transfer protocol）で，コードをマスターの Pi に転送します．

```
carlospg@gamma:~/デスクトップ/Book_b $ sftp pi@192.168.0.9
pi@192.168.11.33's password:
Connected to 192.168.0.9.
sftp> put MPI_08_b.c
Uploading MPI_08_b.c to /home/pi/MPI_08_b.c
MPI_08_b.c                              100% 2680    1.5MB/s   00:00
sftp> exit
carlospg@gamma:~/デスクトップ/Book_b $
```

$ プロンプトで sftp pi@192.168.0.9 と入力します．もちろん，'@' に続く IP アドレスには，読者自身の Pi のアドレスを使ってください．パスワードの入力を求められるので，Pi のパスワードを入力します．sftp> プロンプトで，put MPI_08_b.c と入力してください．著者とは異なるファイル名を付けた場合は，そのファイル名を指定してください．sftp で他のファイルも転送します（上の画面例では省略）．すべてのファイルを転送したら，exit と入力します．コードディレクトリに戻るはずです．

[*10] 訳注：ホスト名のことです．

57

第 3 章 最初の 2 ノードを準備する

さて，ここからは楽しい部分です．ハッカーがリモートコンピュータにするのと同じように，メイン PC からリモートで Pi と通信します．$ プロンプトで ssh pi@192.168.0.9 と入力し，パスワードを入れてマスター Pi にログインしましょう．そしてホームディレクトリにあるファイルの一覧を表示します．ls -la と入力しましょう．

```
carlospg@gamma:~/デスクトップ/Book_b $ ssh pi@192.168.0.9
pi@192.168.0.9's password:

Linux Mst0 4.14.30-v7+ #1102 SMP Mon Mar 26 16:45:49 BST 2018 armv7l
The programs included with the Debian GNU/Linux system are free software;
the exact distribution terms for each program are described in the
individual files in /usr/share/doc/*/copyright.

Debian GNU/Linux comes with ABSOLUTELY NO WARRANTY, to the extent
permitted by applicable law.
Last login: Mon May  7 02:22:25 2018 from 192.168.0.9
pi@Mst0:~ $ ls -la
合計 152
drwxr-xr-x 18 pi    pi    4096  5月  7 03:53 .
drwxr-xr-x  4 root root  4096  4月 13 12:52 ..
-rw-------  1 pi    pi     155  5月  7 00:59 .Xauthority
-rw-------  1 pi    pi    1773  5月  7 03:48 .bash_history
-rw-r--r--  1 pi    pi     220  3月 14 06:55 .bash_logout
-rw-r--r--  1 pi    pi    3523  3月 14 06:55 .bashrc
drwxr-xr-x  6 pi    pi    4096  5月  6 23:33 .cache
drwx------ 13 pi    pi    4096  5月  7 02:44 .config
drwx------  3 pi    pi    4096  4月 13 12:05 .dbus
drwx------  3 pi    pi    4096  3月 14 08:17 .gnupg
drwxr-xr-x  3 pi    pi    4096  3月 14 07:41 .local
drwx------  3 pi    pi    4096  4月 13 12:20 .pki
-rw-r--r--  1 pi    pi     675  3月 14 06:55 .profile
drwxr-xr-x  3 pi    pi    4096  3月 14 08:17 .themes
-rw-------  1 pi    pi    1025  4月 13 15:17 .viminfo
-rw-------  1 pi    pi    3968  5月  7 00:59 .xsession-errors
-rw-------  1 pi    pi    3968  5月  7 00:00 .xsession-errors.old
-rwxr-xr-x  1 pi    pi    8308  5月  7 03:53 C_PI
-rw-r--r--  1 pi    pi     882  5月  7 03:52 C_PI.c
drwxr-xr-x  2 pi    pi    4096  3月 14 08:17 Desktop
drwxr-xr-x  2 pi    pi    4096  3月 14 08:17 Documents
drwxr-xr-x  2 pi    pi    4096  3月 14 08:17 Downloads
-rwxr-xr-x  1 pi    pi    8756  5月  7 03:53 MPI_08_b
-rw-r--r--  1 pi    pi    2680  5月  7 03:25 MPI_08_b.c
drwxr-xr-x  2 pi    pi    4096  3月 14 08:17 Music
drwxr-xr-x  2 pi    pi    4096  5月  7 02:11 Pictures
drwxr-xr-x  2 pi    pi    4096  3月 14 08:17 Public
drwxr-xr-x  2 pi    pi    4096  3月 14 08:17 Templates
drwxr-xr-x  2 pi    pi    4096  3月 14 08:17 Videos
-rwxr-xr-x  1 pi    pi    8316  5月  7 03:53 call-procs
-rw-r--r--  1 pi    pi     882  5月  7 03:50 call-procs.c
drwxr-xr-x  2 pi    pi    4096  3月 14 07:41 python_games
pi@Mst0:~ $
```

先ほどメイン PC から sftp したファイル群が，上の画面例のように，ホームディレクトリに表示されるはずです．Pi の中を自由にうろつくことができ，どのような秘密のデータが盗まれるかを見ることができます——心配ありません，ちょっと調子に乗りすぎました．

call-procs.c, C_PI.c, MPI_08_b.c のそれぞれについて，mpicc [ファイル名.c] -o [ファイル名] -lm と入力してコンパイルします．第 9 章以降に出てくる C ファイルの例のように，数学ライブラリのヘッダファイル math.h を含む C ファイルをコンパイルする際には，-lm が必要です．call-procs ファイル，もしくは作成したファイル名で mpiexec -n 1 call-procs コマンドを入力し，実行します．最初の実行の後，続く各実行でさまざまなプロセス数を使用します．実行結果は以下に示すものに近くなるはずです．マルチスレッドプログラムの性質上，プロセスはランダムな順序で実行され，明らかに互いに依存しないことに注意してください．

```
pi@Mst0:~ $ mpiexec -n 1 call-process
Calling process 0 out of 1 on Mst0
pi@Mst0:~ $ mpiexec -n 2 call-process
Calling process 0 out of 2 on Mst0
Calling process 1 out of 2 on Mst0
pi@Mst0:~ $ mpiexec -n 3 call-process
Calling process 0 out of 3 on Mst0
Calling process 1 out of 3 on Mst0
Calling process 2 out of 3 on Mst0
pi@Mst0:~ $ mpiexec -n 4 call-process
Calling process 0 out of 4 on Mst0
Calling process 3 out of 4 on Mst0
Calling process 1 out of 4 on Mst0
Calling process 2 out of 4 on Mst0
pi@Mst0:~ $
```

これ以降の実行データは Pi2 コンピュータからのものです．Pi3 コンピュータではより速く走ります．

逐次版の π コードである C_PI を，以下の画面例のように実行します．

```
pi@Mst0:~ $ time mpiexec -n 1 C_PI

 Calculated pi = 3.1415926535906125
         M_PI = 3.1415926535897931
Relative Error = 0.0000000000008193

real    0m0.177s
user    0m0.080s
sys     0m0.080s
pi@Mst0:~ $
```

MPI 版の π コードである `MPI_08_b` を，以下の画面例のように実行します．

```
pi@Mst0:~ $ time mpiexec -n 4 MPI_08_b

#######################################################
Master node name: gamma

Enter number of intervals:

300000

*** Number of processes: 4

     Calculated pi = 3.1415926535907128
             M_PI = 3.1415926535897931
    Relative Error = 0.0000000000009197

real    16m35.140s
user    63m3.610s
sys     0m2.630s
pi@Mst0:~ $
```

gamma 上の 4 コア（0m59.076s）と Mst0 上の 4 コアとの実行時間の違いは，gamma の各コアは 4 GHz で動作し，一方，Mst0 の各コアは 1 GHz で動作することによります．コアのクロック速度は重要です．

3.7 | スレーブノードの準備

ここで，スーパーコンピュータの 1 つ目のスレーブノード（スレーブ 1）を設定します．HDMI ケーブルをマスターの Pi からスレーブの Pi に切り替えます．NOOBS がプリインストールされた SD カードがマイクロ SD カードスロットに挿さっているかどうかを確かめます．ラベル面が外側になるようにしてください．スレーブの電源コードを，急速充電器の USB 電源スロットのうちマスターの Pi の隣に挿します．マスターの Pi と同じ手順で，Raspbian OS をインストール，アップデート，アップグレードします．今回はスレーブノードに `Slv1`，もしくは好きな名前を付けてください．

設定手順を簡略化するために，クラスタ内のすべての Pi2 や Pi3 に同じパスワードを使うことを推奨します．

インストール，アップデート，アップグレードが完了したら，やはりマスターの Pi2 のときと同じように，`ifconfig` コマンドを使ってスレーブ 1 の Pi の IP アドレスを取得し，リモートからログインできるようにします．メイン PC に戻って，`sftp` を使用し，メイン PC から必要なファイルを転送します．転送した .c ファイルをコンパイルし，テスト・実行します．これで，マスターの Pi とスレーブの Pi をメイン PC と接続するための設定に進む準備が整いました．

3.8 | まとめ

　本章では，Pi2/Pi3 スーパーコンピュータの部品一覧を示しました．そして，Pi マイクロコンピュータの簡単な歴史と，ポイントになる技術仕様について学びました．次に，マスターノードを設定し，必要なコードをメイン PC からマスターノードに転送しました．最後に，最初の 2 ノード Pi スーパーコンピュータを作るために，スレーブ 1 ノードを設定しました．

　第 4 章では，マスターノードとスレーブ 1 ノードで固定 IP アドレスと hosts ファイルを設定する方法について学びます．

第**4**章

固定IPアドレスと
hostsファイルを設定する

　ネットワークスイッチに動的設定を使用している場合，接続したコンピュータ側で自身の固定IPアドレスを設定できないことがあります．この場合，スイッチを再設定し，スイッチ内のノードの固定IPアドレスを自分で設定する必要があります．スーパーコンピュータを安定して動作させるには，PiノードのIPアドレスとスイッチ上のIPアドレスが，動作中に変更されないようにする必要があります．そうでなければ，ノードは互いに通信できなくなり，スーパーコンピュータの性能が最善でなくなります．この設定は，hostsファイルを利用して行います．

　本章では，以下のやり方を学びます．

- マスターのPiとスレーブ1のPiの固定IPアドレスの設定
- ネットワークスイッチの固定IPアドレスの設定
- hostsファイルの設定

4.1 | マスターPiの固定IPアドレスを設定する

　第3章で説明したifconfigコマンドを使って，マスター(Mst0)のPiとスレーブ(Slv1)のPiのIPアドレスを記録します．メインPCからマスターノードにsshでログインし，interfacesファイルを編集します．sudo vim /etc/network/interfaces と入力します[1]．エディタにファイルが読み込まれ，以下の内容が表示されます．

---

　[1] 訳注：Raspbianの最新版Stretchを使用している場合は，/etc/dhcpcd.confで以下のように設定してください．

```
# Example static IP configuration:  ← ファイルの中でこの項目を探す
interface eth0
static ip_address=192.168.0.9/24
static routers=192.168.0.1
```

62

```
# interface(5) file used by ifup(8) and ifdown(8)

# Please note that this file is written to be used with dhcpd
# For static IP, consult /etc/dhcpcd.conf and 'man dhcpcd.conf'

# Include files form /etc/network/interface.d:
source-directory /etc/network/interface.d

auto lo
iface lo inet loopback

# iface eth0 inet manual
iface eth0 inet static
address 192.168.0.9
netmask 255.255.255.0

allow-hotplug wlan0
iface wlan0 inet manual
  wpa-conf /etc/wpa_supplicant/wpa_supplicant.conf

allow-hotplug wlan1
iface wlan0 inet manual
  wpa-conf /etc/wpa_supplicant/wpa_supplicant.conf
```

　太字の文を挿入します．IP アドレスとネットマスクアドレスに注意してください．それらは 3.6 節で確認しました．"iface eth0 inet manual" という文字列を '#' でコメントアウトし，iface eth0 inet static に変更します．

4.2 ネットワークスイッチで固定 IP アドレスを設定する

　ネットワークスイッチに動的設定を使用している場合，接続したコンピュータ側で自身の固定 IP アドレスを設定できないことがあります．この場合，スイッチ内のノードの固定 IP アドレスを自分で設定する必要があります．部品一覧にある HP 1910-8 マネージドスイッチに対する手順を示します．まず，スイッチからルーターへのイーサネットケーブルを抜きます（図 4.1）．そ

図 4.1　ルーターと接続しているイーサネットケーブル

うしないと，スイッチへログインを試みたとき，ルーターのログイン情報を求められます．
　次に，スイッチのイーサネットケーブルのもう一方の端をメイン PC の USB ポートに接続します（図 4.2）．この特殊なケーブルは，スイッチに付属しています．

図 4.2　スイッチに付属しているシリアル接続用ケーブル

　図 4.3 で指し示しているのは，メイン PC のイーサネットポートから伸びているイーサネットパッチケーブルです．このケーブルはスイッチのイーサネットポートに接続されていて，メイン PC とすべての Pi とが通信するために使用されます．

図 4.3　メイン PC と接続しているイーサネットケーブル

　スイッチの電源コードを数秒間抜き，プラグをもう一度差し込みます．これにより，スイッチが再起動します．スイッチが 2 つの Pi の MAC アドレスを学習し記憶するので，再起動には 2 分程度かかります．こうして，スイッチの設定ウィンドウにアクセスできるようになります．いったんスイッチがオンラインに戻ったら（フロントパネルで LED が緑色に点滅することでわかります），メイン PC に戻り（Windows 環境で）ウェブブラウザの設定を開きます．スイッチの IP アドレスをブラウザに入力します（デバイスのログイン IP アドレスについては，ユーザーマニュアルを見てください．著者のスイッチの IP アドレスは 169.254.76.230 でした）．IP アドレスを入力すると，ログインウィンドウが表示されます．ユーザー名に admin を入力し，入力欄の右側に表示される確認コードを入力します．

4.2 ネットワークスイッチで固定 IP アドレスを設定する

 確認コードはスイッチにログインするたびに変わります．

　図 4.4 のスクリーンショットに示すスイッチの設定ウィンドウにアクセスします．［Network］タブをクリックします．ドロップダウンメニューが表示されるので，［MAC］をクリックします．これにより図 4.4 に似た画面になります．スクリーンショットは，著者の Pi2 スーパークラスタの 8 つの Pi の［MAC］アドレスの設定を示しています．初めは MAC アドレスも IP アドレスもスイッチが学習し，動的に設定しました．これらのアドレスを固定にする設定に変えなければなりません．

　そうするためには，［Add］ボタンを押して，各 MAC アドレスを固定にする適切な欄を埋め

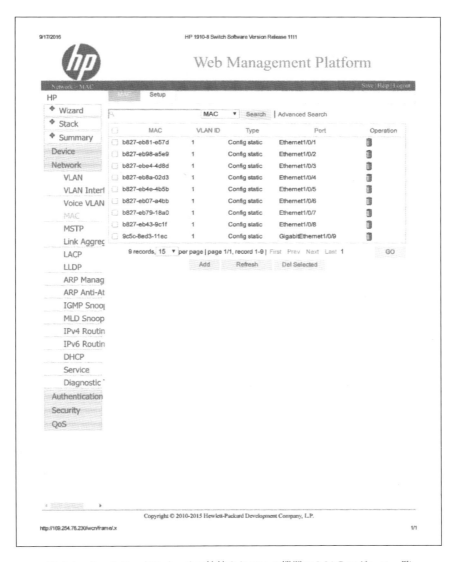

図 4.4　ネットワークスイッチに接続されている機器の MAC アドレス一覧

65

第 4 章 固定 IP アドレスと hosts ファイルを設定する

ます．しかし，学習されるべき MAC アドレスに対し，まだ残りの 6 つの Pi2/Pi3 を起動していないので，現時点では，2 つの MAC アドレスのみ表示しています．

次のステップは，固定 MAC アドレスに対応させる固定 IP アドレスを入力することです．［ARP Managed］にメニューを移動し，［ARP Table］タブを選択します（図 4.5）．IP アドレスの設定画面が表示されます．

［Add］ボタンをクリックし，IP アドレスを固定にするためのフィールドを埋めます．ウェブページの右上にある［Save］リンクをクリックしてこれらの設定を保存します．情報が保存されるまでしばらく待ち，［Logout］リンクをクリックします．問題が発生した場合は，HPE 社のカスタマーサービスに問い合わせてください．彼らは喜んで手伝ってくれるでしょう．

図 4.5　MAC アドレスに割り当てられた IP アドレス一覧

4.2 ネットワークスイッチで固定 IP アドレスを設定する

ブラウザを閉じ，スイッチの電源ケーブルを抜きます．ルーターへのイーサネットケーブルをスイッチに再度差し込み，メイン PC からスイッチへのイーサネットケーブルを抜きます．スイッチの電源ケーブルを再度差し込むと，数分かけてスイッチが再起動します．激しい興奮を抑えて待ちましょう．

さて，メイン PC に戻り，Pi がまだ動作していることを確認してください[2]．Linux 環境でターミナルウィンドウを開き，`ping 192.168.0.9`（IP アドレスはマスターのアドレス）と入力して，マスターの Pi が応答するかどうかを確かめます．もしまだ動作しているなら，図 4.6 に示すような一連のステートメントが表示されます．Ctrl+'C' キーを押して `ping` の実行を止めます．これをスレーブの Pi に対しても実行します．

図 4.6　ターミナルウィンドウに表示された ping の応答

Pi が動作していると判断した時点で，`ssh pi@192.168.0.9` でマスターの Pi に入ります．マスターノードに入ったら，前に使用したコマンド，すなわち，`ssh pi@192.168.0.10` でスレーブの Pi ノードに ssh します．しかし，マスターノードに接続していて，pi ユーザーを使用しているので，IP アドレスの前の `pi@` は使う必要がありません．そこで，代わりに `ssh 192.168.0.10` と入力すると，マスターノードからスレーブノードにログインします（以下の画面例の太字のコマンドステートメントを参照）．

```
carlospg@gamma:~ $ ssh pi@192.168.0.9
pi@192.168.0.9's password:
```

---

[2] 訳注：ここからは，スイッチの設定をしたことで，メイン PC からスイッチを経由して Pi にログインしてアクセスできるようになったことを確認していきます．

67

```
Linux Mst0 4.14.30-v7+ #1102 SMP Mon Mar 26 16:45:49 BST 2018 armv7l

The programs included with the Debian GNU/Linux system are free software;
the exact distribution terms for each program are described in the
individual files in /usr/share/doc/*/copyright.

Debian GNU/Linux comes with ABSOLUTELY NO WARRANTY, to the extent
permitted by applicable law.
Last login: Mon May  7 04:42:00 2018
pi@Mst0:~ $ ssh 192.168.0.10

Linux Slv1 4.14.34-v7+ #1110 SMP Mon Apr 16 15:18:51 BST 2018 armv7l

The programs included with the Debian GNU/Linux system are free software;
the exact distribution terms for each program are described in the
individual files in /usr/share/doc/*/copyright.

Debian GNU/Linux comes with ABSOLUTELY NO WARRANTY, to the extent
permitted by applicable law.
Last login: Mon May  7 04:52:37 2018 from Mst0
pi@Slv1:~ $
```

スレーブノードのファイルを一覧表示します.

```
pi@Slv1:~ $ ls -la
合計 104
drwxr-xr-x 19 pi   pi   4096  5月  7 04:41 .
drwxr-xr-x  4 root root 4096  4月 13 14:52 ..
-rw-------  1 pi   pi    105  5月  7 04:41 .Xauthority
-rw-------  1 pi   pi    802  5月  7 04:41 .bash_history
-rw-r--r--  1 pi   pi    220  3月 14 06:55 .bash_logout
-rw-r--r--  1 pi   pi   3523  3月 14 06:55 .bashrc
drwxr-xr-x  5 pi   pi   4096  3月 14 08:17 .cache
drwx------  8 pi   pi   4096  3月 14 08:30 .config
drwx------  3 pi   pi   4096  3月 14 08:20 .dbus
drwx------  3 pi   pi   4096  3月 14 08:17 .gnupg
drwxr-xr-x  3 pi   pi   4096  3月 14 07:41 .local
-rw-r--r--  1 pi   pi    675  3月 14 06:55 .profile
drwx------  2 pi   pi   4096  4月 14 10:06 .ssh
drwxr-xr-x  3 pi   pi   4096  3月 14 08:17 .themes
drwx------  3 pi   pi   4096  5月  7 04:41 .vnc
-rw-------  1 pi   pi   3968  5月  7 04:41 .xsession-errors
-rw-------  1 pi   pi   3968  5月  7 04:28 .xsession-errors.old
drwxr-xr-x  2 pi   pi   4096  3月 14 08:17 Desktop
drwxr-xr-x  2 pi   pi   4096  3月 14 08:17 Documents
drwxr-xr-x  2 pi   pi   4096  3月 14 08:17 Downloads
drwxr-xr-x  2 pi   pi   4096  3月 14 08:17 Music
drwxr-xr-x  2 pi   pi   4096  3月 14 08:17 Pictures
drwxr-xr-x  2 pi   pi   4096  3月 14 08:17 Public
drwxr-xr-x  2 pi   pi   4096  3月 14 08:17 Templates
drwxr-xr-x  2 pi   pi   4096  3月 14 08:17 Videos
drwxr-xr-x  2 pi   pi   4096  3月 14 07:41 python_games
```

マスターノードに ssh で戻ります.

```
pi@Slv1:~ $ ssh 192.168.0.9
pi@192.168.0.9's password:
Linux Mst0 4.14.30-v7+ #1102 SMP Mon Mar 26 16:45:49 BST 2018 armv7l

The programs included with the Debian GNU/Linux system are free software;
the exact distribution terms for each program are described in the
individual files in /usr/share/doc/*/copyright.

Debian GNU/Linux comes with ABSOLUTELY NO WARRANTY, to the extent
permitted by applicable law.
Last login: Mon May  7 04:45:23 2018 from 192.168.0.11
pi@Mst0:~ $
```

マスターノードでファイルを一覧表示します.

```
pi@Mst0:~ $ ls -la
合計 160
drwxr-xr-x 20 pi    pi    4096 5月  7 04:52 .
drwxr-xr-x  4 root  root  4096 4月 13 12:52 ..
-rw-------  1 pi    pi     155 5月  7 04:42 .Xauthority
-rw-------  1 pi    pi    2377 5月  7 04:41 .bash_history
-rw-r--r--  1 pi    pi     220 3月 14 06:55 .bash_logout
-rw-r--r--  1 pi    pi    3523 3月 14 06:55 .bashrc
drwxr-xr-x  6 pi    pi    4096 5月  6 23:33 .cache
drwx------ 13 pi    pi    4096 5月  7 04:48 .config
drwx------  3 pi    pi    4096 4月 13 12:05 .dbus
drwx------  3 pi    pi    4096 3月 14 08:17 .gnupg
drwxr-xr-x  3 pi    pi    4096 3月 14 07:41 .local
drwx------  3 pi    pi    4096 4月 13 12:20 .pki
-rw-r--r--  1 pi    pi     675 3月 14 06:55 .profile
drwx------  2 pi    pi    4096 5月  7 04:52 .ssh
drwxr-xr-x  3 pi    pi    4096 3月 14 08:17 .themes
-rw-------  1 pi    pi    1025 4月 13 15:17 .viminfo
-rw-------  1 pi    pi    3968 5月  7 04:42 .xsession-errors
-rw-------  1 pi    pi    3968 5月  7 00:59 .xsession-errors.old
-rwxr-xr-x  1 pi    pi    8308 5月  7 03:53 C_PI
-rw-r--r--  1 pi    pi     882 5月  7 03:52 C_PI.c
drwxr-xr-x  2 pi    pi    4096 3月 14 08:17 Desktop
drwxr-xr-x  2 pi    pi    4096 3月 14 08:17 Documents
drwxr-xr-x  2 pi    pi    4096 3月 14 08:17 Downloads
-rwxr-xr-x  1 pi    pi    8756 5月  7 03:53 MPI_08_b
-rw-r--r--  1 pi    pi    2680 5月  7 03:25 MPI_08_b.c
drwxr-xr-x  2 pi    pi    4096 3月 14 08:17 Music
drwxr-xr-x  2 pi    pi    4096 5月  7 02:11 Pictures
drwxr-xr-x  2 pi    pi    4096 3月 14 08:17 Public
drwxr-xr-x  2 pi    pi    4096 3月 14 08:17 Templates
drwxr-xr-x  2 pi    pi    4096 3月 14 08:17 Videos
-rwxr-xr-x  1 pi    pi    8316 5月  7 03:53 call-procs
-rw-r--r--  1 pi    pi     882 5月  7 03:50 call-procs.c
drwxr-xr-x  3 pi    pi    4096 5月  7 04:48 oldconffiles
drwxr-xr-x  2 pi    pi    4096 3月 14 07:41 python_games
```

これはすばらしいことです．なぜなら，あるノードから別のノードにアクセスできるようになり，しかもクラスタ内のどのノードからでもこれが実行できるからです．これは，いずれのノードも Pi モニターに繋ぐことなく，クラスタ内のいずれかのノードにログインして sudo reboot でリブートしたり，sudo shutdown -h now でシャットダウンしたりすることができることを意味しています．

4.3 hosts ファイルを設定する

接続の都度 IP アドレスで ssh するのは面倒なので，新しいやり方を試してみましょう．すなわち，マスターに Mst0，スレーブノード 1 に Slv1 というように，各ノードに短い名前を付けます．それによって，IP アドレスの代わりに名前で ssh できるようになります．これを行うためには，hosts ファイルを編集する必要があります．

まず，hosts ファイルを開いて，今の状態を確認します．以下の画面例の太字のコマンドを入力してください．

```
pi@Mst0:~ $ cat /etc/hosts
127.0.0.1       localhost
::1             localhost ip6-localhost ip6-loopback
ff02::1         ip6-allnodes
ff02::2         ip6-allrouters

127.0.1.1       Mst0
```

名前で ssh したときに，どの IP アドレスが参照されたのかが Pi にわかるようにするためには，各アドレスに対してホスト名を定義する必要があります．そこで，以下の画面例のように，hosts ファイルを編集しましょう．sudo vim /etc/hosts コマンドを入力し，太字の文字列（読者自身の IP アドレスに直してください）で内容を更新します．

```
127.0.0.1       localhost
::1             localhost ip6-localhost ip6-loopback
ff02::1         ip6-allnodes
ff02::2         ip6-allrouters

# 127.0.1.1     Mst0

192.168.0.9     Mst0
192.168.0.10    Slv1
```

127.0.1.1 Mst0 を，'#' を付けてコメントアウトするのを忘れないでください．そして，Esc :wq と入力して，更新したファイルを保存します．

では，この新しい手法を試してみましょう．ssh Slv1 と入力し，そのあとにパスワードを入力します．プロンプトが pi@Slv1:~ $ に変わるはずです．これはスレーブノード 1 にいること

を意味しています．スレーブノードで sudo vim /etc/hosts と入力して，以下の画面例の太字
の文字列で hosts ファイルの内容を更新し，Esc :wq と入力してファイルを保存しましょう．

```
127.0.0.1       localhost
::1             localhost ip6-localhost ip6-loopback
ff02::1         ip6-allnodes
ff02::2         ip6-allrouters


# 127.0.1.1     Slv1


192.168.0.9     Mst0
192.168.0.10    Slv1
```

　ssh Mst0 を実行し，パスワードを入力します．これでマスターノードに戻り，プロンプトは
pi@Mst0:~ $ になります．スレーブノードから ping Mst0 と入力して，マスターノードが動作
しているかどうかを確認することもできます．これらの操作が適切な結果を出していれば，ホス
ト名は正しく設定されています．

4.4 ｜ まとめ

　本章では，Pi マイクロコンピュータ上での固定 IP アドレスの設定方法と，スイッチでの固定
IP アドレスの設定方法を学びました．IP アドレスの代わりに，名前で ssh できるように hosts
ファイルを更新しました．
　第 5 章では，すべてのノードで使える共通ユーザーの作成について説明します．

第 **5** 章

すべてのノードに
共通のユーザーを作る

　スーパーコンピュータは難しい問題を克服できる圧倒的な力を備えているので，スーパーコンピュータの操作は容易で，楽しい経験でなければなりません．したがって，すべてのノードに対して共通ユーザーを作って，使いやすさを促進しなければなりません．共通ユーザーを作ることで，すべてのノードが 1 つにまとまり，ユーザーとノードがシームレスに通信できるようになります．

　本章では，以下のやり方を学びます．

- マスターノードでの新規ユーザーの作成
- マスターノードでの新規ユーザーのパスワードの作成
- スレーブ 1 ノードでの新規ユーザーの作成
- スレーブ 1 ノードでの新規ユーザーのパスワードの作成
- パスワードを使用せずにスーパーコンピュータのノード間で楽に ssh するための，マスターノード上の特別な鍵の生成
- マスターノードからスレーブ 1 ノードへの特別な鍵のコピー
- すべてのノードに対してシームレスで容易な鍵アクセスを実現するための，マスターノード上の .bashrc ファイルの編集

5.1 すべてのノードに新規ユーザーを追加する

　まず，すべての Pi ノードにわたってユーザー ID が共通の新規ユーザーを，home ディレクトリに追加します．$ プロンプトに `ls -la /home` と入力して，home ディレクトリの現在の内容を一覧表示します．

```
pi@Mst0:~ $ ls -la /home
合計 12
drwxr-xr-x  3 root root 4096  3月 14 06:55 .
drwxr-xr-x 21 root root 4096  3月 14 08:16 ..
drwxr-xr-x 22 pi   pi   4096  4月 12 23:53 pi
pi@Mst0:~ $
```

72

5.1 すべてのノードに新規ユーザーを追加する

pi ユーザーのみが含まれていることがわかります．sudo useradd -m -u 1960 alpha と入力します[*1]．-m はホームディレクトリを指定する引数で[*2]，-u は新規ユーザー ID を指定する引数，1960（もしくは任意の整数）は新規ユーザー ID，alpha（もしくは任意の名前）は ID 1960 のユーザーに関連付けたい名前です．

alpha もしくは選択したユーザー名が home ディレクトリに追加されたか確認してみましょう．上と同様に，内容を一覧表示します．

```
pi@Mst0:~ $ ls -la /home
合計 16
drwxr-xr-x  4 root  root  4096  4月 13 09:08 .
drwxr-xr-x 21 root  root  4096  3月 14 08:16 ..
drwxr-xr-x  2 alpha alpha 4096  4月 13 09:08 alpha
drwxr-xr-x 22 pi    pi    4096  4月 12 23:53 pi
pi@Mst0:~ $
```

alpha ユーザーが Pi の home ディレクトリに実際に追加されたことがわかります．すばらしい！ 次に，新たに追加された alpha ユーザーのパスワードを作成します．sudo passwd alpha と入力し，新しいパスワードを入力します．

```
pi@Mst0:~ $ sudo passwd alpha
新しい UNIX パスワードを入力してください:
新しい UNIX パスワードを再入力してください:
passwd: パスワードは正しく更新されました
```

便宜上，著者は Pi ノードに使用されたのと同じパスワードを使用しました．他のすべてのスレーブノードの alpha ユーザーに同じパスワードを使用します．

新たに作った alpha ユーザーでログインしましょう．su - alpha（ハイフンの前後にスペースがあります）と入力します[*3]．exit と入力すると，前の pi ユーザーに戻ります．

```
pi@Mst0:~ $ su - alpha
パスワード:
alpha@Mst0:~ $ exit
ログアウト
pi@Mst0:~ $
```

スレーブノード（Slv1）に ssh し，たった今完了したステップを繰り返します．ssh Slv1 を入力し，パスワードを入力します．

[*1] 訳注：Raspbian Stretch の useradd にはログインシェルの設定が反映されないバグがあるので，sudo useradd -m -u 1960 -s /bin/bash alpha と，-s パラメータで明示的に指定してください．

[*2] 訳注：-m は --create-home の略で，このオプションを指定し，そのユーザーのホームディレクトリが存在しない場合は，ホームディレクトリが作成され，スケルトンディレクトリの内容がコピーされます．

[*3] 訳注：ハイフンを入れないで su alpha とすると，su を実行したユーザー（この例では pi ユーザー）のカレントディレクトリと環境変数が引き継がれます．

73

5.2 認証鍵の生成

　これで，スレーブ1ノードにalphaユーザーが追加されました．何回もパスワードを入れることなく，あるノードから別のノードへ，もしくは，マスターノードからクラスタ内のどのスレーブへもsshできる特別な鍵を生成しましょう．最初に，ssh Mst0と入力し，パスワードを入力します．もしくは，exitコマンドを入力してマスターノードに戻り，alphaユーザーとして再度ログイン，すなわちsu - alphaコマンドを入力します．$ プロンプトでssh-keygen -t rsaと入力します．-tは生成する鍵の種類を指定するオプションで，rsaは暗号化の種類です．最初に求められるのは，鍵を保存するためのファイル名です．Enterキーを押して，デフォルトのファイル名で保存します．

　次のステップは，パスフレーズを指定することです．パスフレーズを入力します．著者はatomicを選びましたが，他の名前でも構いません（文字は見えません）．パスフレーズを再入力します．以下の画面例のように，暗号化された鍵のイメージが表示されます．

```
alpha@Mst0:~ $ ssh-keygen -t rsa
Generating public/private rsa key pair.
Enter file in which to save the key (/home/alpha/.ssh/id_rsa):
Created directory '/home/alpha/.ssh'.
Enter passphrase (empty for no passphrase):
Enter same passphrase again:
Your identification has been saved in /home/alpha/.ssh/id_rsa.
Your public key has been saved in /home/alpha/.ssh/id_rsa.pub.
The key fingerprint is:
SHA256:2PXbmuhaUn9mhveLDDrSwohCwepEUvuVVv6j28swVUk alpha@Mst0
The key's randomart image is:
+---[RSA 2048]----+
|            E    |
|  .      .  .    |
|...     +  .o    |
|.+.    +o.. o    |
|+ .. o. S.o .    |
|.o  .   oo. +    |
|+   . o =..o+ B  |
| o . +.X..oO..   |
| .     ==B.oo .o |
+----[SHA256]-----+
```

　次に行うべきことは，この鍵をスレーブ1ノードにコピーすることです．

5.3 認証鍵の転送

　ssh-copy-id alpha@Slv1と入力します．alphaは鍵を受け取るユーザー名，Slv1はユーザーが属するホストです．Slv1のパスワードを入力します．以下の画面例の太字のコマンドを参照してください．

5.3 認証鍵の転送

```
alpha@Mst0:~ $ ssh-copy-id alpha@Slv1
/usr/bin/ssh-copy-id: INFO: Source of key(s) to be installed:
"/home/alpha/.ssh/id_rsa.pub"
The authenticity of host 'slv1.local (192.168.0.10)' can't be established.
ECDSA key fingerprint is SHA256:Own2KKpmC2sdtYyM6JX67+VvtH8BqMnLGwSzUIakhJ8.
Are you sure you want to continue connecting (yes/no)? yes
/usr/bin/ssh-copy-id: INFO: attempting to log in with the new key(s), to filter out
any that are already installed
/usr/bin/ssh-copy-id: INFO: 1 key(s) remain to be installed -- if you are prompted
now it is to install the new keys
alpha@slv1's password:

Number of key(s) added: 1

Now try logging into the machine, with:   "ssh 'alpha@Slv1'"
and check to make sure that only the key(s) you wanted were added.
```

鍵を転送しました．Slv1 に ssh しましょう．

```
alpha@Mst0:~ $ ssh Slv1
Enter passphrase for key '/home/alpha/.ssh/id_rsa':

Linux Slv1 4.9.80-v7+ #1098 SMP Fri Mar 9 19:11:42 GMT 2018 armv7l

The programs included with the Debian GNU/Linux system are free software;
the exact distribution terms for each program are described in the
individual files in /usr/share/doc/*/copyright.

Debian GNU/Linux comes with ABSOLUTELY NO WARRANTY, to the extent
permitted by applicable law.
pi@Slv1:~ $
```

　パスワードではなく，パスフレーズを要求しています．前に指定したパスフレーズを入力します．すばらしい！

　Mst0 に ssh して戻り，ls -la を入力して alpha ユーザーディレクトリにあるファイルを一覧表示します．.ssh ディレクトリがあることがわかります．.ssh ディレクトリにあるファイルを一覧表示します．

```
alpha@Mst0:~ $ ls -la
合計 28
drwxr-xr-x 3 alpha alpha 4096  4月 13 10:15 .
drwxr-xr-x 4 root  root  4096  4月 13 09:08 ..
-rw------- 1 alpha alpha    5  4月 13 09:40 .bash_history
-rw-r--r-- 1 alpha alpha  220  5月 16  2017 .bash_logout
-rw-r--r-- 1 alpha alpha 3523  3月 14 06:55 .bashrc
-rw-r--r-- 1 alpha alpha  675  5月 16  2017 .profile
drwx------ 2 alpha alpha 4096  4月 13 10:24 .ssh
alpha@Mst0:~ $ ls -la .ssh
合計 20
drwx------ 2 alpha alpha 4096  4月 13 11:18 .
drwxr-xr-x 3 alpha alpha 4096  4月 13 10:15 ..
-rw------- 1 alpha alpha 1766  4月 13 10:19 id_rsa
-rw-r--r-- 1 alpha alpha  399  4月 13 10:19 id_rsa.pub
-rw-r--r-- 1 alpha alpha  444  4月 13 11:18 known_hosts
```

第5章　すべてのノードに共通のユーザーを作る

認証鍵 id_rsa, id_rsa.pub, known_hosts が表示されます．では，Slv1 ノードに ssh します．

```
alpha@Mst0:~ $ ssh Slv1
Enter passphrase for key '/home/alpha/.ssh/id_rsa':
Linux Slv1 4.9.80-v7+ #1098 SMP Fri Mar 9 19:11:42 GMT 2018 armv7l

The programs included with the Debian GNU/Linux system are free software;
the exact distribution terms for each program are described in the
individual files in /usr/share/doc/*/copyright.

Debian GNU/Linux comes with ABSOLUTELY NO WARRANTY, to the extent
permitted by applicable law.
```

パスフレーズを聞かれています．これは望んでいることではありませんので，マスターノードにいくつか変更を加える必要があります．パスフレーズを入力し，exit と入力します．すると，マスターノード alpha@Mst0:~ $ に戻るはずです．もしマスターノードにいなかったら，ターミナルウィンドウを閉じ，ssh でマスターノードに戻り，先に進みます．つまり，ssh pi@192.168.0.9 と入力し，パスワードを入れ，$ プロンプトで su - alpha と入力し，alpha ユーザーでログインします．alpha ユーザーのプロンプト alpha@Mst0:~ $ になっているはずです．

さて，ホームディレクトリにある .bashrc と呼ばれるファイルを編集しましょう．vim .bashrc と入力し，編集を開始するために 'i' キーを押します．これにより，本書の紙面上で1ページを超える巨大なファイルが開きます．ファイルの最後まで移動して，太字の文字列を追加し，Esc :wq と入力して更新したファイルを保存します．

```
# ~/.bashrc: executed by bash(1) for non-login shells.
# see /usr/share/doc/bash/examples/startup-files (in the package bash-doc)
# for examples

# If not running interactively, don't do anything
case $- in
    *i*) ;;
      *) return;;
esac

# don't put duplicate lines or lines starting with space in the history.
# See bash(1) for more options
HISTCONTROL=ignoreboth

# append to the history file, don't overwrite it
shopt -s histappend

# for setting history length see HISTSIZE and HISTFILESIZE in bash(1)
HISTSIZE=1000
HISTFILESIZE=2000

# check the window size after each command and, if necessary,
# update the values of LINES and COLUMNS.
shopt -s checkwinsize
```

```
# If set, the pattern "**" used in a pathname expansion context will
# match all files and zero or more directories and subdirectories.
#shopt -s globstar

# make less more friendly for non-text input files, see lesspipe(1)
#[ -x /usr/bin/lesspipe ] && eval "$(SHELL=/bin/sh lesspipe)"

# set variable identifying the chroot you work in (used in the prompt below)
if [ -z "$debian_chroot:-" ] && [ -r /etc/debian_chroot ]; then
    debian_chroot=$(cat /etc/debian_chroot)
fi

# set a fancy prompt (non-color, unless we know we "want" color)
case "$TERM" in
    xterm-color|*-256color) color_prompt=yes;;
esac

# enable color support of ls and also add handy aliases
if [ -x /usr/bin/dircolors ]; then
    test -r ~/.dircolors && eval "$(dircolors -b ~/.dircolors)" || eval "$(dircolors -b)"
    alias ls='ls --color=auto'
    #alias dir='dir --color=auto'
    #alias vdir='vdir --color=auto'

    alias grep='grep --color=auto'
    alias fgrep='fgrep --color=auto'
    alias egrep='egrep --color=auto'
fi

# colored GCC warnings and errors
#export GCC_COLORS='error=01;31:warning=01;35:note=01;36:caret=01;32:locus=01:quote=01'

# some more ls aliases
#alias ll='ls -l'
#alias la='ls -A'
#alias l='ls -CF'

# Alias definitions.
# You may want to put all your additions into a separate file like
# ~/.bash_aliases, instead of adding them here directly.
# See /usr/share/doc/bash-doc/examples in the bash-doc package.

if [ -f ~/.bash_aliases ]; then
    . ~/.bash_aliases
fi

# enable programmable completion features (you don't need to enable
# this, if it's already enabled in /etc/bash.bashrc and /etc/profile
# sources /etc/bash.bashrc).
if ! shopt -oq posix; then
  if [ -f /usr/share/bash-completion/bash_completion ]; then
    . /usr/share/bash-completion/bash_completion
  elif [ -f /etc/bash_completion ]; then
    . /etc/bash_completion
  fi
fi
```

第 5 章　すべてのノードに共通のユーザーを作る

```
# Logic for keychain
/usr/bin/keychain $HOME/.ssh/id_rsa
source $HOME/.keychain/$HOSTNAME-sh
```

　太字のテキストの最初の文字列は，使おうとしている keychain のロジックが存在する場所を指定しています．keychain のところは，keychain ファイルが存在するパスを指定して keychain コマンドを呼び出します．続く .ssh のところは，keychain コマンドに ID ファイル id_rsa へのパスを渡しています．source $HOME/.keychain/$HOSTNAME-sh コマンドは $HOSTNAME-sh ファイルの内容を実行します．

　さて，.bashrc ファイルの内容を反映しなければなりません．source .bashrc と入力し，もう 1 回パスフレーズを入力します．以下の太字の文字列を参照してください．

```
alpha@Mst0:~ $ vim .bashrc
alpha@Mst0:~ $ source .bashrc

 * keychain 2.8.2 ~ http://www.funtoo.org
 * Starting ssh-agent...
 * Adding 1 ssh key(s): /home/alpha/.ssh/id_rsa
Enter passphrase for /home/alpha/.ssh/id_rsa:
 * ssh-add: Identities added: /home/alpha/.ssh/id_rsa
```

　keychain のパスを見つけるのに，which keychain と入力できます[4]．
　さて，ssh Slv1 と入力してみましょう．

```
alpha@Mst0:~ $ ssh Slv1
Linux Slv1 4.14.34-v7+ #1110 SMP Mon Apr 16 15:18:51 BST 2018 armv7l

The programs included with the Debian GNU/Linux system are free software;
the exact distribution terms for each program are described in the
individual files in /usr/share/doc/*/copyright.

Debian GNU/Linux comes with ABSOLUTELY NO WARRANTY, to the extent
permitted by applicable law.
Last login: Fri Apr 13 15:08:25 2018 from Mst0
```

　今度はパスフレーズを聞かれませんでした．すばらしい！

5.4 ｜ まとめ

　本章では，すべてのノードで使える共通のユーザーを作る方法を学びました．まず，マスターノードに新規ユーザーを作成し，その新規ユーザーのパスワードを作成し，同様の手順をスレーブ 1 ノードでも行いました．次に，マスターノードで特別な鍵を生成し，それをスレーブ 1 ノー

---

　[4] 例えば以下のように使います．

```
alpha@Mst0:~ $ which keychain
/usr/bin/keychain
```

ドにコピーしました．また，その特別な鍵によってスーパークラスタにあるすべてのノードへの
シームレスで容易なアクセスを実現するために，マスターノード上で .bashrc ファイルを編集
しました．

　第 6 章では，マスターノードにマウント可能なディレクトリを作る方法を示します．第 6 章に
進む前に，exit して，pi ユーザーのプロンプトを pi@Mst0:~ $ に戻しておいてください．う
まく戻れなかった場合は，ターミナルウィンドウを閉じて，ssh でマスターノードに戻ってくだ
さい．

第 **6** 章

マスターノード上に
マウント可能なディレクトリを作る

　本章ではマスターノード上にマウント可能なディレクトリを作成する方法を学びます．各ノードは与えられたタスクを実行するために，自分のメモリに他のノードと同様のコードを保持しなければなりません．そのためにはスレーブノードは MPI コードを含むマスターノードのエクスポートディレクトリをマウントできる必要があります．そうすることで，Pi スーパーコンピュータの効率が良くエラーのない操作が実現します．本章ではまた，mpiexec コマンドの強力な -H オプションについて説明します．これは，与えられた問題を解くために，任意もしくはすべてのスレッド，ノード，コアに自由に仕事を割り振るのに使います．
　本章では，以下を学びます．

- mkdir コマンドを使い，マスターノード上にエクスポートディレクトリ（MPI コードの保存先として使用）を作る方法
- chown コマンドを使い，エクスポートディレクトリの所有権を root から新規ユーザーに変更する方法
- rpcbind コマンドを使い，マスターの Pi がエクスポートディレクトリをスレーブノードにエクスポートする方法
- マスターノード上のエクスポートディレクトリを容易にスレーブノードにエクスポートするための exports ファイルの編集方法
- nfs-kernel-server コマンドの使い方
- 起動スクリプトファイル rc.local の編集方法．マスターノードの起動時にこのスクリプトが実行されて，マスターノード上のエクスポートディレクトリがマウント可能になり，スレーブノードが使用できるようになります．
- mount コマンドを使い，MPI コードを含むエクスポートディレクトリを手動でマウントする方法
- cat コマンドを使い，ファイルの中身を表示する方法
- cp -a コマンドを使い，コードや他のファイルをエクスポートディレクトリにコピーする方法
- mpiexec -H コマンドを使い，任意もしくはすべてのノードやコアに仕事を割り振る方法

6.1 | スレーブにエクスポートするディレクトリを作成する

ルートディレクトリにあるすべてのディレクトリとファイルを一覧表示します．

```
pi@Mst0:~ $ ls -la /
合計 79
drwxr-xr-x  21 root root  4096  3月 14 08:16 .
drwxr-xr-x  21 root root  4096  3月 14 08:16 ..
drwxr-xr-x   2 root root  4096  3月 14 07:13 bin
drwxr-xr-x   4 root root  2560  1月  1  1970 boot
drwxr-xr-x  14 root root  3340  4月 13 13:35 dev
drwxr-xr-x 112 root root  4096  4月 13 15:15 etc
drwxr-xr-x   4 root root  4096  4月 13 12:52 home
drwxr-xr-x  16 root root  4096  3月 14 07:08 lib
drwx------   2 root root 16384  3月 14 08:10 lost+found
drwxr-xr-x   2 root root  4096  3月 14 06:41 media
drwxr-xr-x   2 root root  4096  3月 14 06:41 mnt
drwxr-xr-x   7 root root  4096  3月 14 07:48 opt
dr-xr-xr-x 143 root root     0  1月  1  1970 proc
drwx------   4 root root  4096  3月 14 08:17 root
drwxr-xr-x  27 root root   840  4月 13 23:43 run
drwxr-xr-x   2 root root  4096  4月 13 15:15 sbin
drwxr-xr-x   2 root root  4096  3月 14 06:41 srv
dr-xr-xr-x  12 root root     0  1月  1  1970 sys
drwxrwxrwt  12 root root  4096  4月 13 23:43 tmp
drwxr-xr-x  11 root root  4096  3月 14 07:30 usr
drwxr-xr-x  11 root root  4096  3月 14 08:16 var
```

では，ルートディレクトリに新しいディレクトリを作りましょう．名前は beta とか，好きな
ものにします．sudo mkdir /beta と入力し，次に ls -la / と入力して，再度ルートディレク
トリにあるすべてのファイルを一覧表示します．新しい beta ディレクトリがあることがわかり
ます．

```
pi@Mst0:~ $ ls -la /
合計 83
drwxr-xr-x  22 root root  4096  4月 13 23:49 .
drwxr-xr-x  22 root root  4096  4月 13 23:49 ..
drwxr-xr-x   2 root root  4096  4月 13 23:49 beta
drwxr-xr-x   2 root root  4096  3月 14 07:13 bin
drwxr-xr-x   4 root root  2560  1月  1  1970 boot
drwxr-xr-x  14 root root  3340  4月 13 13:35 dev
drwxr-xr-x 112 root root  4096  4月 13 15:15 etc
drwxr-xr-x   4 root root  4096  4月 13 12:52 home
drwxr-xr-x  16 root root  4096  3月 14 07:08 lib
drwx------   2 root root 16384  3月 14 08:10 lost+found
drwxr-xr-x   2 root root  4096  3月 14 06:41 media
drwxr-xr-x   2 root root  4096  3月 14 06:41 mnt
drwxr-xr-x   7 root root  4096  3月 14 07:48 opt
dr-xr-xr-x 142 root root     0  1月  1  1970 proc
drwx------   4 root root  4096  3月 14 08:17 root
drwxr-xr-x  27 root root   840  4月 13 23:43 run
drwxr-xr-x   2 root root  4096  4月 13 15:15 sbin
drwxr-xr-x   2 root root  4096  3月 14 06:41 srv
```

第 6 章　マスターノード上にマウント可能なディレクトリを作る

```
dr-xr-xr-x  12 root root      0  4月 13 23:44 sys
drwxrwxrwt  12 root root   4096  4月 13 23:43 tmp
drwxr-xr-x  11 root root   4096  3月 14 07:30 usr
drwxr-xr-x  11 root root   4096  3月 14 08:16 var
```

　所有者を変更したいのは，beta ディレクトリを alpha ユーザーの所有にしたいからです．それでは，sudo chown alpha:alpha /beta と入力しましょう．sudo を使っているのは，前の所有者が root ユーザーだからです．ルートディレクトリにあるファイルを再度一覧表示しましょう．

```
alpha@Mst0:~ $ ls -la /
合計 83
drwxr-xr-x  22 root   root    4096  4月 13 23:49 .
drwxr-xr-x  22 root   root    4096  4月 13 23:49 ..
drwxr-xr-x   2 alpha  alpha   4096  4月 13 23:49 beta
drwxr-xr-x   2 root   root    4096  3月 14 07:13 bin
drwxr-xr-x   4 root   root    2560  1月  1 1970 boot
drwxr-xr-x  14 root   root    3340  4月 13 13:35 dev
drwxr-xr-x 112 root   root    4096  4月 13 15:15 etc
drwxr-xr-x   4 root   root    4096  4月 13 12:52 home
drwxr-xr-x  16 root   root    4096  3月 14 07:08 lib
drwx------   2 root   root   16384  3月 14 08:10 lost+found
drwxr-xr-x   2 root   root    4096  3月 14 06:41 media
drwxr-xr-x   2 root   root    4096  3月 14 06:41 mnt
drwxr-xr-x   7 root   root    4096  3月 14 07:48 opt
dr-xr-xr-x 141 root   root       0  1月  1 1970 proc
drwx------   4 root   root    4096  3月 14 08:17 root
drwxr-xr-x  27 root   root     840  4月 13 23:43 run
drwxr-xr-x   2 root   root    4096  4月 13 15:15 sbin
drwxr-xr-x   2 root   root    4096  3月 14 06:41 srv
dr-xr-xr-x  12 root   root       0  4月 13 23:44 sys
drwxrwxrwt  12 root   root    4096  4月 13 23:43 tmp
drwxr-xr-x  11 root   root    4096  3月 14 07:30 usr
drwxr-xr-x  11 root   root    4096  3月 14 08:16 var
```

　beta ディレクトリが alpha ユーザー，alpha グループに設定されていることがわかります．

6.2 ┃ スレーブにディレクトリをエクスポートする

　次にしたいのは，rpcbind サービスの設定です．これによって，マスターの Pi が beta ディレクトリを他のスレーブノードにエクスポートできるようになります．sudo rpcbind start と入力してみましょう．マスターの Pi を起動するたびにこのサービスを必ず実行させるために，sudo update-rc.d rpcbind enable コマンドを使用します．このコマンドは，Raspberry Pi が起動するたびに特定のサービスを実行するように設定します．

　次に，他のノードがマウントできるようにする，マスターノード上のディレクトリを指定するために，exports ファイルを編集します．sudo vim /etc/exports と入力し，ファイルを開きます．以下の画面例の太字の文字列を追加しましょう．

6.2 スレーブにディレクトリをエクスポートする

```
# /etc/exports: the access control list for filesystems which may be exported
#               to NFS clients.  See exports(5).
#
# Example for NFSv2 and NFSv3:
# /srv/homes       hostname1(rw,sync,no_subtree_check) hostname2(ro,sync,no_subtree_check)
#
# Example for NFSv4:
# /srv/nfs4        gss/krb5i(rw,sync,fsid=0,crossmnt,no_subtree_check)
# /srv/nfs4/homes  gss/krb5i(rw,sync,no_subtree_check)
#

# beta
/beta 192.168.0.0/24(rw,sync)
```

　最初の太字のステートメント # beta は，beta ディレクトリ用のコメントです．次の行の最初の引数/beta は，エクスポートしたいマスターノード上のディレクトリです．2 番目の引数 192.168.0.0/24 は 192.168.0.0 から 192.168.0.255 までの IP アドレスが beta ディレクトリをマウントできることを意味します[*1]．rw は読み書き可能であることを示します．更新したファイルを保存するために Esc :wq と入力します．

　ここで，nfs-kernel-server サービスを再起動する必要があります．sudo service nfs-kernel-server restart コマンドを入力すると再起動できますが，著者はこのコマンドを起動スクリプトファイル rc.local の最後に追加して，自動化しました．以下の画面例の太字の文字列を参照してください．sudo vim /etc/rc.local と入力してファイルを編集し，Esc :wq で保存します．このコマンドが実行されると，ディレクトリはマウント可能になります．

```
#!/bin/sh -e
#
# rc.local
#
# This script is executed at the end of each multiuser runlevel.
# Make sure that the script will "exit 0" on success or any other
# value on error.
#
# In order to enable or disable this script just change the execution
# bits.
#
# By default this script does nothing.

# Print the IP address
_IP=$(hostname -I) || true
if [ "$_IP" ]; then
  printf "My IP address is %s\n" "$_IP"
fi

sudo service nfs-kernel-server restart

exit 0
```

[*1] 訳注：IP アドレスの範囲を指定するこのような表記方法を CIDR（classless inter-domain routing）表記と呼びます．

第 6 章　マスターノード上にマウント可能なディレクトリを作る

6.3 | エクスポートされたディレクトリを 手動でマウントする

　これを試してみましょう．ssh Slv1 コマンドを使ってスレーブ Slv1 に切り替えます．プロンプトが pi@Slv1:~ $ になっていることを確認してください．エクスポートディレクトリをマウントするために sudo mount Mst0:/beta /beta と入力します．

```
pi@Slv1:~ $ sudo mount Mst0:/beta /beta
mouht.nfs: mount point /beta does not exist
pi@Slv1:~ $
```

　おっと！エラーメッセージが表示されました．ローカルのマウントポイントである beta ディレクトリが存在しないためです．スレーブの Pi (Slv1) のルートディレクトリにあるファイルを一覧表示して，確認してみましょう．

```
pi@Slv1:~ $ ls -la /
合計 79
drwxr-xr-x  21 root root   4096   3月 14 08:16 .
drwxr-xr-x  21 root root   4096   3月 14 08:16 ..
drwxr-xr-x   2 root root   4096   3月 14 07:13 bin
drwxr-xr-x   4 root root   2560   1月  1  1970 boot
drwxr-xr-x  14 root root   3380   4月 14 01:36 dev
drwxr-xr-x 111 root root   4096   4月 13 14:53 etc
drwxr-xr-x   4 root root   4096   4月 13 14:52 home
drwxr-xr-x  16 root root   4096   3月 14 07:08 lib
drwx------   2 root root  16384   3月 14 08:10 lost+found
drwxr-xr-x   2 root root   4096   3月 14 06:41 media
drwxr-xr-x   2 root root   4096   3月 14 06:41 mnt
drwxr-xr-x   7 root root   4096   3月 14 07:48 opt
dr-xr-xr-x 164 root root      0   1月  1  1970 proc
drwx------   4 root root   4096   3月 14 08:17 root
drwxr-xr-x  27 root root    800   4月 14 09:16 run
drwxr-xr-x   2 root root   4096   3月 14 07:13 sbin
drwxr-xr-x   2 root root   4096   3月 14 06:41 srv
dr-xr-xr-x  12 root root      0   1月  1  1970 sys
drwxrwxrwt  11 root root   4096   4月 14 09:12 tmp
drwxr-xr-x  11 root root   4096   3月 14 07:30 usr
drwxr-xr-x  11 root root   4096   3月 14 08:16 var
```

　beta ディレクトリがないことがわかります．マスターノードで行ったように，ルートディレクトリに beta というディレクトリを作りましょう．$ プロンプトで sudo mkdir /beta と入力します．次に，グループと所有者を alpha ユーザーに変更します．sudo chown alpha:alpha /beta と入力してください．再度ルートディレクトリにあるファイルを一覧表示します．

```
pi@Slv1:~ $ ls -la /
合計 83
drwxr-xr-x  22 root  root   4096   4月 14 09:30 .
drwxr-xr-x  22 root  root   4096   4月 14 09:30 ..
drwxr-xr-x   2 alpha alpha  4096   4月 14 09:30 beta
drwxr-xr-x   2 root  root   4096   3月 14 07:13 bin
```

84

```
drwxr-xr-x    4 root   root    2560  1月  1  1970 boot
drwxr-xr-x   14 root   root    3380  4月 14 01:36 dev
drwxr-xr-x  111 root   root    4096  4月 13 14:53 etc
drwxr-xr-x    4 root   root    4096  4月 13 14:52 home
drwxr-xr-x   16 root   root    4096  3月 14 07:08 lib
drwx------    2 root   root   16384  3月 14 08:10 lost+found
drwxr-xr-x    2 root   root    4096  3月 14 06:41 media
drwxr-xr-x    2 root   root    4096  3月 14 06:41 mnt
drwxr-xr-x    7 root   root    4096  3月 14 07:48 opt
dr-xr-xr-x  158 root   root       0  1月  1  1970 proc
drwx------    4 root   root    4096  3月 14 08:17 root
drwxr-xr-x   27 root   root     800  4月 14 09:16 run
drwxr-xr-x    2 root   root    4096  3月 14 07:13 sbin
drwxr-xr-x    2 root   root    4096  3月 14 06:41 srv
dr-xr-xr-x   12 root   root       0  4月 14 09:16 sys
drwxrwxrwt   11 root   root    4096  4月 14 09:17 tmp
drwxr-xr-x   11 root   root    4096  3月 14 07:30 usr
drwxr-xr-x   11 root   root    4096  3月 14 08:16 var
```

beta ディレクトリが作成され，alpha ユーザーに設定されたことがわかります．再度ディレクトリをマウントしてみましょう．sudo mount Mst0:/beta /beta と再入力してください．今度はエラーは出ないはずです．

beta ディレクトリの中身を一覧表示します．

```
pi@Slv1:~ $ ls -la /beta
合計 8
drwxr-xr-x  2 alpha alpha 4096  4月 14 09:30 .
drwxr-xr-x 22 root  root  4096  4月 14 09:30 ..
```

ディレクトリに何もないことがわかります．なぜなら，マウントしたマスターの beta ディレクトリにまだ何も置いていなかったからです．ちょっとした実験をしてみましょう．su - alpha コマンドで alpha ユーザーに切り替えて，cd /beta と入力して beta ディレクトリに移動します．vim コマンドを使い，ファイル名が testing.x のファイルを作成します．vim testing.x と入力して 'i' キーを押し，適当な文，例えば "2 つのパイ（π と Pi）" と入力して，Esc :wq で書き込み，終了します．beta ディレクトリにあるファイルを再度一覧表示します．

```
alpha@Slv1:/beta $ ls -la
合計 12
drwxr-xr-x  2 alpha alpha 4096  4月 14 09:50 .
drwxr-xr-x 22 root  root  4096  4月 14 09:30 ..
-rw-r--r--  1 alpha alpha   23  4月 14 09:50 testing.x
```

今作成した testing.x ファイルがあることがわかります．cat コマンドを使ってファイルを読み込みます．

```
alpha@Slv1:/beta $ cat testing.x
2つのパイ（πとPi）
alpha@Slv1:/beta $
```

第6章　マスターノード上にマウント可能なディレクトリを作る

exit と入力して，マスターノード Mst0 に ssh し，beta ディレクトリにあるファイルを一覧
表示します．

```
alpha@Slv1:/beta $ exit
ログアウト
pi@Slv1:~ $ ssh Mst0
pi@mst0's password:
Linux Mst0 4.14.30-v7+ #1102 SMP Mon Mar 26 16:45:49 BST 2018 armv7l

The programs included with the Debian GNU/Linux system are free software;
the exact distribution terms for each program are described in the
individual files in /usr/share/doc/*/copyright.

Debian GNU/Linux comes with ABSOLUTELY NO WARRANTY, to the extent
permitted by applicable law.
Last login: Sat Apr 14 01:36:24 2018
pi@Mst0:/beta $ ls -la /beta
合計 12
drwxr-xr-x  2 alpha alpha 4096  4月 14 09:50 .
drwxr-xr-x 22 root  root  4096  4月 14 09:30 ..
-rw-r--r--  1 alpha alpha   23  4月 14 09:55 testing.x
```

Slv1 で見たのと同じ内容になっており，ディレクトリがうまくマウントされていることがわ
かります．

6.4 | エクスポートしたディレクトリにある MPI プログラムを実行する

それでは，マスターノードとスレーブ1ノードの両方で Open MPI を使用した最初の実際の
テストを実行しましょう．まず，ホームディレクトリにあるファイルを一覧表示します．

```
pi@Mst0:~ $ ls
C_PI       Documents   MPI_08_b.c  Public     call-procs
C_PI.c     Downloads   Music       Templates  call-procs.c
Desktop    MPI_08_b    Pictures    Videos     python_games
```

ここでは，Cのソースファイルとその実行形式ファイルがすべてあるかを確認します．スー
パークラスタにあるすべてのノードからアクセスできるように，これらのファイルを beta ディ
レクトリにコピーします．su - alpha コマンドを使ってもう一度ユーザーを alpha に変更し，
cd /beta と入力してカレントディレクトリを変更します．mkdir gamma と入力して，今後のす
べてのコードを保存する gamma というディレクトリを作成します．beta にあるファイルを再度
一覧表示すると，以下の画面例のように，gamma ディレクトリがあることがわかります．

```
alpha@Mst0:/beta $ mkdir gamma
alpha@Mst0:/beta $ ls -la
合計 16
drwxr-xr-x  3 alpha alpha 4096  4月 14 11:18 .
drwxr-xr-x 22 root  root  4096  4月 14 09:30 ..
```

86

```
drwxr-xr-x  2 alpha alpha 4096  4月 14 11:18 gamma
-rw-r--r--  1 alpha alpha   23  4月 14 09:50 testing.x
```

cd gamma と入力して gamma ディレクトリに移動し，/home/pi からこの新しいコード用
ディレクトリにコードをコピーします．alpha@Mst0:/beta/gamma $ プロンプトで cp -a
/home/pi/call-procs* ./ と入力します．cp はコピーを意味しており，-a はコピー元のファ
イルと同じ権限を使うためのオプションです．* はファイルとその実行形式の両方をコピーする
ことを示します．./ は現在のディレクトリへのコピーを示し，この場合は gamma ディレクトリ
を指します．すべてのコードとそれらの実行形式を，このコマンドを使ってコピーします．意図
したようにコピーされたかどうかを確かめるため，ファイルを一覧表示します．

```
alpha@Mst0:~ $ cd /beta/gamma
alpha@Mst0:/beta/gamma $ ls -la
drwxr-xr-x 2 alpha alpha 4096  5月  7 10:06 .
drwxr-xr-x 3 alpha alpha 4096  5月  7 09:59 ..
-rwxr-xr-x 1 alpha alpha 8308  5月  7 03:53 C_PI
-rw-r--r-- 1 alpha alpha  882  5月  7 03:52 C_PI.c
-rwxr-xr-x 1 alpha alpha 8756  5月  7 03:53 MPI_08_b
-rw-r--r-- 1 alpha alpha 2680  5月  7 03:25 MPI_08_b.c
-rwxr-xr-x 1 alpha alpha 8484  5月  7 10:06 call-procs
-rw-r--r-- 1 alpha alpha  964  5月  7 10:05 call-procs.c
alpha@Mst0:/beta/gamma $
```

すばらしい！ ファイルはすべてありました．それでは，マスターノード上で call-procs プ
ログラムを実行しましょう．もう一度言いますが，プロセスはランダムに呼ばれ，実行するたび
に順番が変わります．

```
alpha@Mst0:/beta/gamma $ mpiexec -n 4 call-procs
Calling process 1 out of 4 on Mst0
Calling process 2 out of 4 on Mst0
Calling process 3 out of 4 on Mst0
Calling process 0 out of 4 on Mst0
```

単一のノードだけでなく，クラスタ（マスターとスレーブ）内の任意のコア上のプロセスを呼
べるようにすると便利です．そこで，プロセッサを呼び出すコマンドを少し変更します．コマン
ドは以下のとおりです．

```
alpha@Mst0:/beta/gamma $ mpiexec -H Mst0,Mst0,Mst0,Mst0,Slv1,Slv1,Slv1,Slv1 call-procs
Calling process 0 out of 8 on Mst0
Calling process 3 out of 8 on Mst0
Calling process 4 out of 8 on Slv1
Calling process 6 out of 8 on Slv1
Calling process 7 out of 8 on Slv1
Calling process 5 out of 8 on Slv1
Calling process 1 out of 8 on Mst0
Calling process 2 out of 8 on Mst0
alpha@Mst0:/beta/gamma $
```

-H でプログラムを実行したいコアのホスト名を列挙します．ここでは，マスターとスレーブの
間で8つのコアすべてを呼び出しています．2つのノードの間でコアのいくつかを減らすと何が

第 6 章　マスターノード上にマウント可能なディレクトリを作る

起きるか，実験してみてください．これと同じコマンドを使い，2 ノードのスーパーコンピュータのコアで π を計算してみましょう．以下のコマンドを入力してください（最初の処理時間を減らすために，繰り返しやインターバルの数を減らしても構いません）．

```
alpha@Mst0:/beta $ time mpiexec -H Mst0 MPI_08_b

###################################################

Master node name: Mst0

Enter number of intervals:

300000

*** Number of processes: 1

     Calculated pi = 3.1415926535907133
             M_PI = 3.1415926535897931
    Relative Error = 0.0000000000009202

real    58m2.393s
user    57m50.110s
sys     0m0.270s
```

```
alpha@Mst0:/beta $ time mpiexec -H Mst0,Mst0 MPI_08_b

###################################################

Master node name: Mst0

Enter number of intervals:

300000

*** Number of processes: 2

     Calculated pi = 3.1415926535907115
             M_PI = 3.1415926535897931
    Relative Error = 0.0000000000009194

real    29m24.936s
user    58m27.510s
sys     0m1.110s
```

```
alpha@Mst0:/beta $ time mpiexec -H Mst0,Mst0,Mst0 MPI_08_b

###################################################

Master node name: Mst0

Enter number of intervals:
```

88

6.4 エクスポートしたディレクトリにある MPI プログラムを実行する

```
300000

*** Number of processes: 3

     Calculated pi = 3.1415926535907026
             M_PI = 3.1415926535897931
    Relative Error = 0.0000000000009095

real    19m52.516s
user    58m49.690s
sys     0m1.800s
```

```
alpha@Mst0:/beta $ time mpiexec -H Mst0,Mst0,Mst0,Mst0 MPI_08_b

#####################################################

Master node name: Mst0

Enter number of intervals:

300000

*** Number of processes: 4

     Calculated pi = 3.1415926535907128
             M_PI = 3.1415926535897931
    Relative Error = 0.0000000000009197

real    16m31.818s
user    63m8.070s
sys     0m2.090s
```

```
alpha@Mst0:/beta $ time mpiexec -H Mst0,Mst0,Mst0,Mst0,Slv1 MPI_08_b

#####################################################

Master node name: Mst0

Enter number of intervals:

300000

*** Number of processes: 5

     Calculated pi = 3.1415926535907062
             M_PI = 3.1415926535897931
    Relative Error = 0.0000000000009130

real    19m58.245s
user    60m17.960s
sys     16m59.740s
```

89

第 6 章　マスターノード上にマウント可能なディレクトリを作る

```
alpha@Mst0:/beta $ time mpiexec -H Mst0,Mst0,Mst0,Mst0,Slv1,Slv1 MPI_08_b

#####################################################

Master node name: Mst0

Enter number of intervals:

300000

*** Number of processes: 6

     Calculated pi = 3.1415926535907062
             M_PI = 3.1415926535897931
    Relative Error = 0.0000000000009130

real    17m24.661s
user    51m24.560s
sys     15m52.630s
```

プロセス数が 5 になったとき，マスターとスレーブとの間で処理が移行するところが出てくるため，一時的に処理時間が増加（16m31.818s に対して 19m58.245s）します．その後，6 つ目，7 つ目，8 つ目のスレーブコアが順次稼働するにつれ，徐々に処理時間が短くなります．

　実は，移行するところで処理速度が増加したことには，スイッチでの通信ポート間の遅延が関係しています．この問題は反復回数の多さほど大きな要因にはなっていませんが，この遅延につきまとう問題が，実は複数ノードが関わる高速計算の致命傷となり，スーパーコンピューティングにおける理論上限の達成を阻害しています．とはいえ，この問題は最先端の高速スイッチを使用することで回避できます．

```
alpha@Mst0:/beta $ time mpiexec -H Mst0,Mst0,Mst0,Mst0,Slv1,Slv1,Slv1 MPI_08_b

#####################################################

Master node name: Mst0

Enter number of intervals:

300000

*** Number of processes: 7

     Calculated pi = 3.1415926535907106
             M_PI = 3.1415926535897931
    Relative Error = 0.0000000000009175

real    15m39.574s
user    45m14.390s
sys     15m19.120s
```

```
alpha@Mst0:/beta $ time mpiexec -H Mst0,Mst0,Mst0,Mst0,Slv1,Slv1,Slv1,Slv1 MPI_08_b

########################################################

Master node name: Mst0

Enter number of intervals:

300000

*** Number of processes: 8

     Calculated pi = 3.1415926535907150
             M_PI = 3.1415926535897931
    Relative Error = 0.0000000000009219


real     14m19.053s
user     41m10.760s
sys      14m32.330s
```

6.5 | まとめ

　本章では，スレーブノードがマウント可能なディレクトリをマスターノードに作る方法を学びました．このタスクを実現するために，mkdir, chown, rpcbind といった，いくつかの Linux コマンドを使用しました．mkdir はエクスポートディレクトリを作成するために，また，chown は root ユーザーから新規ユーザーにエクスポートディレクトリの所有権を変更するために，rpcbind はマスターの Pi が MPI コードをスレーブの Pi にエクスポートするために用いました．また，マスターノード上にある MPI コードを容易にスレーブにエクスポートするために，exports ファイルを編集する方法も学びました．exports ファイルを編集した後，nfs-kernel-server コマンドの使い方を学びました．マスターノードをマウント可能にする起動スクリプト rc.local を編集しました．さらに，MPI コードを含むエクスポートディレクトリを手動でマウントする mount コマンド，ファイルの中身を表示する cat，エクスポートしたディレクトリにファイルをコピーする cp -a，任意もしくはすべてのノードやコアに仕事を割り振る mpiexec -H コマンドの使い方を学びました．

　第 7 章では，Pi スーパーコンピュータで 8 もしくは 16 のノードを設定する方法を説明します．

第 **7** 章

8 ノードを設定する

　本章では，Pi クラスタで 8 ノードもしくは 16 ノードを設定する方法を説明します．一連の
作業には，`fstab`, `rc.local`, `hosts` ファイルの編集が含まれます．さらに，SD formatter for
Windows アプリケーションを使用して，スレーブ用の SD カードをフォーマットする方法と，
Win32 Disk Imager アプリケーションを使用して，フォーマットされたスレーブ用 SD カード
に，スレーブ 1 の SD カードのイメージをコピーする方法を説明します．

　本章では，以下について学びます．

- 自動的にマウントするコマンドを設定するためにスレーブ 1 ノードの `fstab` ファイルを
  編集する方法
- スレーブ 1 ノードの起動スクリプト `rc.local` を編集して，エクスポートディレクトリの
  MPI コードディレクトリを自動的にマウントする方法
- マスターノードとスレーブ 1 ノードの `hosts` ファイルに，一時的に残りの 6 個もしくは
  14 個のスレーブノードの IP アドレスとホスト名を反映する方法
- 残りのスレーブ用 SD カードを初期化する SD formatter for Windows の使用方法
- スレーブ 1 用の SD カードのイメージを，メイン PC のディレクトリから残りのスレーブ
  用 SD カードにコピーする Win32 Disk Imager の使用方法
- 残りのスレーブで自身の実 IP アドレスを反映するために `hosts` ファイルを編集して更新
  する方法
- スーパークラスタノードで `interfaces` ファイルを編集・更新する方法
- ネットワークスイッチで残りのスレーブノードの MAC アドレスと IP アドレスを更新す
  る方法

7.1 ｜ ディレクトリのマウントを自動化する

　gamma ディレクトリを自動的にマウントする流れを説明します．`exit` コマンドを入力して，
`alpha@Mst0:~ $` に戻ります．スレーブディレクトリ（Slv1）に ssh し，`sudo reboot` コマン
ドを入力します．リブート後，beta ディレクトリがマウントされたかどうか確認してください．

```
pi@Slv1:~ $ ls -la /beta
合計 8
drwxr-xr-x  2 alpha alpha 4096  4月 14 14:49 .
drwxr-xr-x 22 root  root  4096  4月 13 23:49 ..
```

　明らかに beta ディレクトリはマウントされませんでした．したがって，再起動してログインするたびにマウントコマンドを実行しなくてもよいようにする必要があります．そのためには，fstab ファイルを編集し，そこに自動マウントポイントコマンドを設定します．sudo vim /etc/fstab と入力します．以下の画面例の太字の文字列を追加してください．

```
proc                    /proc       proc    defaults            0       0
PARTUUID=49fc42ae-01    /boot       vfat    defaults            0       2
PARTUUID=49fc42ae-02    /           ext4    defaults,noatime    0       1
# a swapfile is not a swap partition, no line here
#   use  dphys-swapfile swap[on|off]  for that

Mst0:/beta              /beta   nfs     defaults,rw,exec        0       0
```

　最初の引数 Mst0:/beta は，前のマウントコマンド（Mst0 は IP アドレスの値を持っていることを思い出してください）で使われている最初の引数と同じです．2 番目の引数 /beta は，マウントしたいローカルディレクトリを示します．3 番目の引数 nfs は，マウントするディレクトリのファイルシステムの種類です．4 番目の引数は，マウントを設定するのに必要なパラメータの並びで，最後の 2 つの引数は常に 0 です．Esc :wq と入力して，更新したファイルを保存します．sudo vim /etc/rc.local と入力します．

```
#!/bin/sh -e
#
# rc.local
#
# This script is executed at the end of each multiuser runlevel.
# Make sure that the script will "exit 0" on success or any other
# value on error.
#
# In order to enable or disable this script just change the execution
# bits.
#
# By default this script does nothing.

# Print the IP address
_IP=$(hostname -I) || true
if [ "$_IP" ]; then
  printf "My IP address is %s\n" "$_IP"
fi

# 自動的に"beta"をマウント
sleep 5
mount -a
exit 0
```

　太字の文字列を追加します．ノードが起動するたびに，mount -a コマンドによりディレクトリが自動的にマウントされます．sleep 5 コマンドは，スレーブの起動を一時的に遅らせて，マ

第 7 章　8 ノードを設定する

スター（Mst0）が確実に起動を完了するのを待ちます．これにより，mount -a コマンドの実行
が早すぎたために，マウントに失敗することを防ぎます．Esc :wq を入力してファイルを保存
し，beta ディレクトリの中身を再度一覧表示します．

```
pi@Slv1:~ $ ls -la /beta
合計 8
drwxr-xr-x  2 alpha alpha 4096  4月 14 20:10 .
drwxr-xr-x 22 root  root  4096  4月 14 09:30 ..
```

beta ディレクトリはまだマウントされていません．それでは，sudo mount -a と入力しま
しょう．このコマンドはブートスクリプトのコマンドと基本的に同じです．そして，beta の中
身を再度一覧表示します．きちんとディレクトリがマウントされていれば，gamma ディレクトリ
と testing.x ファイルが見えているはずです．

```
pi@Slv1:~ $ ls -la /beta
計 16
drwxr-xr-x  3 alpha alpha 4096  5月  7 09:59 .
drwxr-xr-x 22 root  root  4096  4月 14 09:30 ..
drwxr-xr-x  2 alpha alpha 4096  5月  7 10:06 gamma
-rw-r--r--  1 alpha alpha   23  5月  7 09:51 testing.x
```

次に，再起動して，ディレクトリが自動的にマウントされることを確かめましょう．sudo
reboot コマンドを実行し，ssh して Slv1 に戻ります．beta の中身を再度一覧表示し，上の画
面例と同じ結果になることを確認してください．

もう 1 つテストを実行してみましょう．ファイルが読み書きおよび実行の権限を伴ってマウン
トされているかどうかを確かめます．ssh で Mst0 に戻り，su - alpha と入力して，ユーザー
を alpha に変更します．

```
alpha@Mst0:~ $ su - alpha
パスワード:

 * keychain 2.8.2 ~ http://www.funtoo.org
 * Found existing ssh-agent: 1649
 * Found existing gpg-agent: 1674
 * Know ssh key: /home/alpha/.ssh/id_rsa

alpha@Mst0:~ $
```

gamma にディレクトリを変更し，gamma の中身を一覧表示します．

```
alpha@Mst0:~ $ cd /beta/gamma
alpha@Mst0:/beta/gamma $ ls -la
計 56
drwxr-xr-x 2 alpha alpha 4096  5月  7 10:06 .
drwxr-xr-x 3 alpha alpha 4096  5月  7 09:59 ..
-rwxr-xr-x 1 alpha alpha 8308  5月  7 03:53 C_PI
-rw-r--r-- 1 alpha alpha  882  5月  7 03:52 C_PI.c
-rwxr-xr-x 1 alpha alpha 8756  5月  7 03:53 MPI_08_b
-rw-r--r-- 1 alpha alpha 2680  5月  7 03:25 MPI_08_b.c
```

94

7.2 すべてのノードで hosts ファイルを設定する

```
-rwxr-xr-x 1 alpha alpha 8484  5月  7 10:06 call-procs
-rw-r--r-- 1 alpha alpha  964  5月  7 10:05 call-procs.c
```

必要なファイルが見えます．それでは，マスターノードの 1 コア，そしてスレーブノードの 1 コアで π コードを実行してみましょう．

```
alpha@Mst0:/beta/gamma $ time mpiexec -H Mst0,Slv1 MPI_08_b

####################################################

Master node name: Mst0

Enter number of intervals:

100000

*** Number of processes: 2

    Calculated pi = 3.1415926535981162
            M_PI = 3.1415926535897931
   Relative Error = 0.0000000000083231

real    5m43.605s
user    4m12.070s
sys     1m23.770s
```

エラーはありませんでした．簡単に 2 ノードのスーパーコンピュータを起動し，好きな MPI プログラムの実行を開始できます．次の，そして最後のステップは，8 もしくは 16 ノードの Pi スーパーコンピュータの設定を完了することです．

7.2 すべてのノードで hosts ファイルを設定する

1 つ目のスレーブ（Slv1）ノードが設定できたので，スーパークラスタにある残りの 6 もしくは 14 のノードすべてに同様の設定を反映させるために，マスター（Mst0）とスレーブ（Slv1）の hosts ファイルを更新します．まず，（Win32 Disk Imager を使って）Slv1 用 SD カードのイメージをデスクトップ PC にコピーします．このイメージファイルを他の 6 もしくは 14 のスレーブ SD カードにコピーすることで，それらのノードをスレーブ Pi に仕立てます．最後に，各カードのデータに少し修正を加えます．

再びマスターノードの hosts ファイルを編集しましょう．exit と入力して pi@Mst0:~ $ プロンプトに戻り，sudo vim /etc/hosts と入力します．hosts ファイルに，残りの IP アドレスとホスト名を追加します（以下の画面例の太字の文字列を参照）．スレーブ（Slv1）ノードに対してもこの手順を繰り返します．

```
127.0.0.1       localhost
::1             localhost ip6-localhost ip6-loopback
ff002::1        ip6-allnodes
ff002::2        ip6-allmounts
```

95

第 7 章　8 ノードを設定する

```
# 127.0.0.1        Slv1

192.168.0.9       Mst0
192.168.0.10      Slv1
192.168.0.11      Slv2
192.168.0.12      Slv3
192.168.0.13      Slv4
192.168.0.14      Slv5
192.168.0.15      Slv6
192.168.0.16      Slv7
```

マスターノードでも同じことをします（以下の画面例を参照）.

```
127.0.0.1         localhost
::1               localhost ip6-localhost ip6-loopback
ff002::1          ip6-allnodes
ff002::2          ip6-allmounts

# 127.0.0.1        Mst0

192.168.0.9       Mst0
192.168.0.10      Slv1
192.168.0.11      Slv2
192.168.0.12      Slv3
192.168.0.13      Slv4
192.168.0.14      Slv5
192.168.0.15      Slv6
192.168.0.16      Slv7
```

　残りの 6 つのスレーブノードの IP アドレスは，電源投入後に変更される可能性があるので，これら 6 つの追加レコードはプレースホルダであり，スレーブの電源が投入されたあとで更新する必要があるかもしれないことに注意してください．スレーブに電源を投入すると，Pi とスイッチが追加の新しい MAC アドレスと IP アドレスを判別します．それを調べることで，適切に hosts ファイルを更新できます．

　ここで，Slv1 用の SD カードのイメージを残りのスレーブ用 SD カードにコピーする一連の作業について説明します．

7.3 | 残りのスレーブ用 SD カードを準備する

▶ 7.3.1　残りのスレーブ用 SD カードを初期化する

　スレーブ用の SD カードにイメージをコピーする前に，まず SD formatter for Windows アプリケーションを使用して，それらを初期化する必要があります．そこで，Windows 環境に切り替えましょう．SD formatter for Windows アプリケーションのファイルを，https://www.sdcard.org/downloads/formatter_4/eula_windows/index.html からダウンロードします[1]．カードを挿した SD カードアダプタを，メイン PC にある SD カードスロット

---

[1] 訳注：原書はバージョン 4.0 を使用していますが，バージョン 5.0.0 になって一部メニューが変更されています．以下では 5.0.0 で説明します．

7.3 残りのスレーブ用 SD カードを準備する

に差し込み[*2]，SD formatter for Windows をインストールして起動します．フォーマットする SD カードが入っているドライブを選択します．図 7.1 のスクリーンショットで示すように，設定を変更します．

図 7.1　SD formatter for Windows の設定

次に，「フォーマット」ボタンをクリックし，「はい」ボタンを押します（図 7.2）．フォーマット処理は数秒かかります．残りのスレーブ用 SD カードに対して一連の作業を繰り返します．

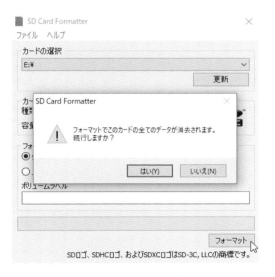

図 7.2　SD カードの初期化の実行

[*2] 訳注：Raspberry Pi はマイクロ SD カードを使用します．一般の PC にある SD カードスロットに挿すためには，マイクロ SD から SD に変換するアダプタが必要です．

第 7 章　8 ノードを設定する

続いて，Slv1 イメージファイルを 6 もしくは 14 枚のフォーマット済みスレーブ用 SD カードにコピーします．

▶ 7.3.2　PC のディレクトリにスレーブ 1 の SD カードイメージをコピーする

残りの 6 もしくは 14 枚のスレーブ用 SD カードが初期化されたので，Slv1 のイメージをそれらにコピーしますが，その前に Win32 Disk Imager アプリケーションを使用してメイン PC のディレクトリにコピーする必要があります．まずは https://sourceforge.net/projects/win32diskimager/ から Win32 Disk Imager をダウンロードします[3]．

もし現在スレーブノードにいないならば，スレーブノードに ssh し，sudo shutdown -h now を実行します．スレーブ 1 ノードから SD カードを抜き，メイン PC の SD カードスロットに挿します．

Win32 Disk Imager をインストールし，起動します．［Device］オプションから SD デバイスのドライブ文字を選択します（訳者の PC では F）．［Image File］のフォルダーアイコンをクリックし，イメージを保存するディレクトリを選択します．ファイル名には例えば Slv1 のような名前を指定し，［Open］ボタンをクリックします．図 7.3 のような画面になるはずです．［Read］ボタンをクリックします．Win32 Disk Imager アプリケーションは，ドライブ F の SD カードからメイン PC のドライブ C に，Slv1 のイメージをコピーします（コピーには数分かかります）．

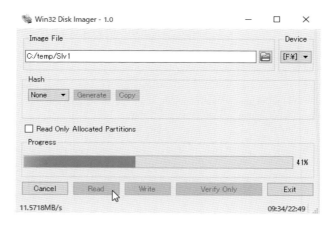

図 7.3　Win32 Disk Imager による Slv1 イメージの読み込み

ディスクイメージのコピーが終了したら，スレーブ 1 ノードに SD カードを戻します．

▶ 7.3.3　スレーブ 1 のイメージを残りのスレーブ用 SD カードにコピーする

続いて，Slv1 イメージを他のスレーブ用 SD カードにコピーします．それぞれの残りのスレーブ用 SD カードを，メイン PC の SD カードスロットに再度挿入し（訳者はドライブ F をデバイスディレクトリとして使用しています），［Image File］のフォルダーアイコンを使用し，ドライ

---

[3] 訳注：原書では 0.9.5 を使用して説明していますが，以下では最新版の 1.0.0 で説明します．

ブ C にある Slv1 ファイルイメージを選択します（ファイルがウィンドウに現れないので，ファイル名を書き込む必要があります）．図 7.4 のスクリーンショットに示すように，［Write］ボタンをクリックすると確認画面が表示されるので，［Yes］ボタンを押してください．Slv1 イメージファイルが，残りのスレーブ用 SD カードに書き込まれます．書き込みは数分かかります．

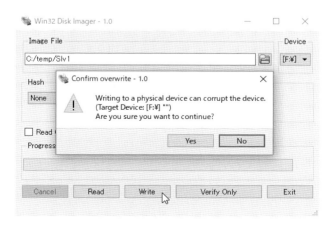

図 7.4　Win32 Disk Imager による Slv1 イメージの書き込み

7.4　残りのスレーブを設定する

　Slv1 ファイルイメージを残りのすべてのスレーブ用 SD カードに書き込んだら，それぞれの Pi ノードに再度挿します．今度は，Pi の USB コネクタを電源に 1 つずつ挿入して，すべての Pi2/Pi3 ノードの電源を入れます．これにより，Pi とネットワークスイッチが，残りのスレーブノードの MAC アドレスと IP アドレスを認識できます．次に，Pi モニターに戻り，第 3 章のとおりにスレーブのホスト名を更新します．それぞれの残りのスレーブの Pi の IP アドレスと MAC アドレスを，ifconfig を用いて確認し，記録します．この情報を取得後，それぞれのスレーブの Pi で hosts ファイルのレコードを（以前と同じように）更新しましょう．Pi モニターからでも，メイン PC からでも，hosts ファイルを更新できます（より手軽な後者をお勧めします）．
　それでは，Linux 環境を再起動しましょう．マスターノード，次にスレーブノードと ssh し，以下の画面例に示すように hosts にあるレコードを更新します．以前警告したように，残りのスレーブノードの IP アドレスを修正していることに注意してください．

```
127.0.0.1        localhost
::1              localhost ip6-localhost ip6-loopback
ff002::1         ip6-allnodes
ff002::2         ip6-allmounts

# 127.0.0.1     Mst0

192.168.0.9     Mst0
192.168.0.10    Slv1
192.168.0.18    Slv2
```

```
192.168.0.20    Slv3
192.168.0.22    Slv4
192.168.0.24    Slv5
192.168.0.25    Slv6
192.168.0.26    Slv7
```

　次に，6 もしくは 14 のスレーブすべてで，network ディレクトリにある interfaces ファイルを更新します．すなわち，第 4 章で述べた手続きを繰り返します．さらに，前の画面例で太字で示したデータを，スイッチの MAC アドレスと IP アドレスのデータに反映します．

　骨の折れる冒険もいよいよ終わりに近づいています！

7.5 | まとめ

　本章では，8 ノードもしくは 16 ノードの Pi スーパーコンピュータを構築する方法を学びました．まず，自動的にマウントするコマンドを設定するために，スレーブ 1 ノードで fstab を編集し，それらの一時的な IP アドレスを反映するために，マスターノードとスレーブノードで hosts ファイルを編集しました．次に，スレーブ用 SD カードを初期化するために SD formatter for Windows アプリケーションを使用し，さらに，スレーブ 1 のイメージを残りの初期化済みスレーブ用 SD カードにコピーするために Win32 Disk Imager アプリケーションを使用しました．ネットワークに接続したマスターとスレーブの実際の IP アドレスを hosts ファイルに反映し，スーパークラスタの各ノードの interfaces ファイルを編集しました．最後に，ネットワークスイッチで残りのスレーブノードの MAC アドレスと IP アドレスを更新しました．

　第 8 章では，スーパークラスタのテストについて説明します．

第 **8** 章

スーパークラスタを試す

　本章では，スーパークラスタをテストする方法について説明します．まず，各ノードで `shutdown -h now` コマンドを順次使用することによってスーパーコンピュータ全体をシャットダウンし，次に，あらためてスーパークラスタの電源を投入して起動シーケンスを走らせ，マシンを再初期化します．ノードが作動した後，π 関数を解くのに必要な時間を短縮してスーパークラスタをテストするために，`mpiexec -H` コマンドを利用して複数のノードを操作します．最後に，スーパーコンピュータの使いやすさを向上させる bash ファイルを作成します．

　本章では以下について学びます．

- Pi をシャットダウンする `shutdown -h now` コマンドの使い方
- `-H` オプションを使って複数のノード（コア）を使い，驚く速さで MPI 版 π コードを走らせる方法
- スーパーコンピュータの操作性を高める bash ファイルの作り方

8.1 | mpiexec -H コマンドを使いこなす

　各ノードに順に ssh して `sudo shutdown -h now` と入力し，クラスタ全体をシャットダウンします（後ほどこの手順の自動化について説明します）．電源タップを OFF にして再度 ON にするか，急速充電器をコンセントから抜いて再度繋ぐかして，クラスタの電源を再投入します．Pi が再起動するまで 30 秒くらい待ってください．その後，マスターに ssh し，alpha ユーザーに切り替え，gamma にディレクトリを変更します．

　すべてのノードが正しく動作しているかどうかを確かめるために，`call-procs` プログラムを実行します．例えば，8 もしくは 16 ノードのマシンのそれぞれに

```
mpiexec -H Mst0 call-procs
mpiexec -H Slv1 call-procs
mpiexec -H Slv2 call-procs
```

第 8 章　スーパークラスタを試す

```
mpiexec -H Slv3 call-procs
...
mpiexec -H Slv7 call-procs もしくは mpiexec -H Slv15 call-procs
```

と入力します．この手順によりノードが初期化されます．あるいは，以下のコマンドを利用すると，一度にすべてのノードを初期化できます．

```
mpiexec -H Slv1,Slv2,Slv3,Slv4,Slv5,Slv6,Slv7,Slv8,Slv9,Slv10,Slv11,
Slv12,Slv13,Slv14,Slv15 call-procs
```

すべてのノードが適切に応答したら，準備完了です．あとは，存分にスーパーコンピューティングを楽しんでください！

みなさん，決定的な瞬間が来ました．マスターとスレーブの Pi をテストするコマンドを再実行します．すなわち，

```
time mpiexec -H Mst0,Mst0,Mst0,Mst0,Slv1,Slv1,Slv1,Slv1 MPI_08_b
```

と入力します．制限モードで 300,000 回の繰り返しを使用すると，実行時間は以前の実行時間である約 14m19.053s とほぼ同じになるはずです．

この実行の後，次節に示すようにノードを増やして実行します．8 つの Pi2 の全体を使用すると，実行時間は約 6m58.102s になります．この結果を見れば，小型のスーパーコンピュータを構築するというゴールを達成したことがわかります．誇りに思ってください．シャンパンコルクを抜くときが来ました．

次は，立ちはだかるすべての，もしくは一部の数学的な敵を打破するために，-H という強力な杖を巧みに使いましょう．

8.2 Pi2 スーパーコンピューティング

10 ノード，そして 12 ノードを使用して MPI_08_b コードを実行します．

```
alpha@Mst0:/beta $ time mpiexec -H Mst0,Mst0,Mst0,Mst0,Slv1,Slv1,Slv1,Slv1,Slv2,Slv2
MPI_08_b

####################################################

Master node name: Mst0

Enter number of intervals:

300000

*** Number of processes: 10

    Calculated pi = 3.14159265359071725664366144848
            M_PI = 3.14159265358979311599796346854
    Relative Error = 0.0000000000000924149645697980304
```

8.2 Pi2 スーパーコンピューティング

```
real     11m35.776s
user     32m36.770s
sys      11m52.790s
```

```
alpha@Mst0:/beta $ time mpiexec -H Mst0,Mst0,Mst0,Mst0,Slv1,Slv1,Slv1,Slv1,Slv2,Slv2,
Slv2,Slv2 MPI_08_b

####################################################

Master node name: Mst0

Enter number of intervals:

300000

*** Number of processes: 12

    Calculated pi = 3.1415926535907203742681303992887
           M_PI = 3.14159265358979311599976346854
    Relative Error = 0.0000000000000272582701669930743

real     10m34.038s
user     28m40.680s
sys      11m56.470s
```

14 ノード，そして 16 ノードを使用してコードを実行します．

```
alpha@Mst0:/beta $ time mpiexec -H Mst0,Mst0,Mst0,Mst0,Slv1,Slv1,Slv1,Slv1,Slv2,Slv2,
Slv2,Slv2,Slv3,Slv3 MPI_08_b

####################################################

Master node name: Mst0

Enter number of intervals:

300000

*** Number of processes: 14

    Calculated pi = 3.1415926535907194860897106991620
           M_PI = 3.14159265358979311599976346854
    Relative Error = 0.0000000000000926370091747230617

real     10m32.910s
user     167971m35.280s
sys      81357m28.400s
```

```
alpha@Mst0:/beta $ time mpiexec -H Mst0,Mst0,Mst0,Mst0,Slv1,Slv1,Slv1,Slv1,Slv2,Slv2,
Slv2,Slv2,Slv3,Slv3,Slv3,Slv3 MPI_08_b

####################################################
```

103

第 8 章　スーパークラスタを試す

```
Master node name: Mst0

Enter number of intervals:

300000

*** Number of processes: 16

    Calculated pi = 3.141592653590720818357340249349
            M_PI = 3.141592653589793115997963468544
    Relative Error = 0.000000000000927702359376780805

real    9m34.595s
user    24m17.770s
sys     12m36.530s
```

18 ノード，そして 20 ノードを使用してコードを実行します．

```
alpha@Mst0:/beta $ time mpiexec -H Mst0,Mst0,Mst0,Mst0,Slv1,Slv1,Slv1,Slv1,Slv2,Slv2,
Slv2,Slv2,Slv3,Slv3,Slv3,Slv3,Slv4,Slv4 MPI_08_b

##################################################

Master node name: Mst0

Enter number of intervals:

300000

*** Number of processes: 18

    Calculated pi = 3.141592653590719930178920549224
            M_PI = 3.141592653589793115997963468544
    Relative Error = 0.000000000000926814180957080680

real    8m118.921s
user    21m4.740s
sys     10m55.560s
```

```
alpha@Mst0:/beta $ time mpiexec -H Mst0,Mst0,Mst0,Mst0,Slv1,Slv1,Slv1,Slv1,Slv2,Slv2,
Slv2,Slv2,Slv3,Slv3,Slv3,Slv3,Slv4,Slv4,Slv4,Slv4 MPI_08_b

##################################################

Master node name: Mst0

Enter number of intervals:

300000

*** Number of processes: 20

    Calculated pi = 3.141592653590722594714179649600
            M_PI = 3.141592653589793115997963468544
    Relative Error = 0.000000000000929478716216181055
```

8.2 Pi2 スーパーコンピューティング

```
real    7m148.721s
user    19m25.060s
sys     10m24.4500s
```

22 ノード，そして 24 ノードを使用してコードを実行します．

```
alpha@Mst0:/beta $ time mpiexec -H Mst0,Mst0,Mst0,Mst0,Slv1,Slv1,Slv1,Slv1,Slv2,Slv2,
Slv2,Slv2,Slv3,Slv3,Slv3,Slv3,Slv4,Slv4,Slv4,Slv4,Slv5,Slv5 MPI_08_b

#####################################################

Master node name: Mst0

Enter number of intervals:

300000

*** Number of processes: 22

    Calculated pi = 3.14159265359072215062496979537
            M_PI = 3.14159265358979311599796346854  4
    Relative Error = 0.00000000000092903462700633099 3

real    7m47.741s
user    18m47.660s
sys     11m4.450s
```

```
alpha@Mst0:/beta $ time mpiexec -H Mst0,Mst0,Mst0,Mst0,Slv1,Slv1,Slv1,Slv1,Slv2,Slv2,
Slv2,Slv2,Slv3,Slv3,Slv3,Slv3,Slv4,Slv4,Slv4,Slv4,Slv5,Slv5,Slv5,Slv5 MPI_08_b

#####################################################

Master node name: Mst0

Enter number of intervals:

300000

*** Number of processes: 24

    Calculated pi = 3.14159265359072126244655009941 2
            M_PI = 3.14159265358979311599796346854  4
    Relative Error = 0.00000000000092814644858663086  8

real    7m21.174s
user    17m37.090s
sys     10m435.160s
```

26 ノード，そして 28 ノードを使ってコードを実行します．

```
alpha@Mst0:/beta $ time mpiexec -H Mst0,Mst0,Mst0,Mst0,Slv1,Slv1,Slv1,Slv1,Slv2,Slv2,
Slv2,Slv2,Slv3,Slv3,Slv3,Slv3,Slv4,Slv4,Slv4,Slv4,Slv5,Slv5,Slv5,Slv5,Slv6,Slv6
MPI_08_b
```

105

第 8 章　スーパークラスタを試す

```
##################################################

Master node name: Mst0

Enter number of intervals:

300000

*** Number of processes: 26

     Calculated pi = 3.14159265359072081835734024934
             M_PI = 3.14159265358979311599796346854
     Relative Error = 0.00000000000092770235937678080

real    7m36.579s
user    17m31.840s
sys     11m29.320s
```

```
alpha@Mst0:/beta $ time mpiexec -H Mst0,Mst0,Mst0,Mst0,Slv1,Slv1,Slv1,Slv1,Slv2,Slv2,
Slv2,Slv2,Slv3,Slv3,Slv3,Slv3,Slv4,Slv4,Slv4,Slv4,Slv5,Slv5,Slv5,Slv5,Slv6,Slv6,Slv6,
Slv6 MPI_08_b

##################################################

Master node name: Mst0

Enter number of intervals:

300000

*** Number of processes: 28

     Calculated pi = 3.14159265359072126244655009941
             M_PI = 3.14159265358979311599796346854
     Relative Error = 0.00000000000092814644858663086

real    8m3.386s
user    17m50.720s
sys     11m36.570s
```

30 ノード，そして 32 ノードを利用してコードを実行します．

```
alpha@Mst0:/beta $ time mpiexec -H Mst0,Mst0,Mst0,Mst0,Slv1,Slv1,Slv1,Slv1,Slv2,Slv2,
Slv2,Slv2,Slv3,Slv3,Slv3,Slv3,Slv4,Slv4,Slv4,Slv4,Slv5,Slv5,Slv5,Slv5,Slv6,Slv6,Slv6,
Slv6,Slv7,Slv7 MPI_08_b

##################################################

Master node name: Mst0

Enter number of intervals:

300000
```

106

```
*** Number of processes: 30

    Calculated pi = 3.14159265359071993017892054922 4
            M_PI = 3.14159265358979311599796346854 4
    Relative Error = 0.00000000000009268141809570806 80

real    7m25.487s
user    16m26.870s
sys     11m44.520s
```

```
alpha@Mst0:/beta $ time mpiexec -H Mst0,Mst0,Mst0,Mst0,Slv1,Slv1,Slv1,Slv1,Slv2,Slv2,
Slv2,Slv2,Slv3,Slv3,Slv3,Slv3,Slv4,Slv4,Slv4,Slv4,Slv5,Slv5,Slv5,Slv5,Slv6,Slv6,Slv6,
Slv6,Slv7,Slv7,Slv7,Slv7 MPI_08_b

#####################################################

Master node name: Mst0

Enter number of intervals:

300000

*** Number of processes: 32

    Calculated pi = 3.14159265359072037426813039928 7
            M_PI = 3.14159265358979311599796346854 4
    Relative Error = 0.00000000000009272582701669307 43

real    6m58.102s
user    15m34.740s
sys     11m12.650s
```

　上記の実行結果は，著者の 8 ノード 32 コア，32 GHz の Raspberry Pi2 スーパーコンピュー
タで得られたものです．全能のドクタードゥーム（Dr. Doom）[1]と同じ気持ちで，指 1 本動かす
だけで実現する力をさらに強化したいなら，より多くの Pi2 やより速い Pi3 を追加してマシンを
拡張してください．

8.3 | Pi3 スーパーコンピューティング

　この節の実行結果は，著者の 16 ノード，64 コア，76.8 GHz の Raspberry Pi3 スーパーコン
ピュータから得られたものです．この結果から，より速い処理速度とノード数の多さの利点が明
らかにわかります．図 8.1 の 2 枚の写真は，著者のいとしい Pi3 スーパーコンピュータです．

---

[1] 訳注：http://marvel.com/characters/13/dr_doom

第 8 章　スーパークラスタを試す

図 8.1　著者の 16 ノード，64 コア，76.8 GHz の Raspberry Pi3 スーパーコンピュータ

8.3 Pi3 スーパーコンピューティング

では，スーパークラスタの実行コマンドの構文を見て，実行してみましょう．

```
alpha@Mst0:/beta/gamma $ time mpiexec -H Mst0 MPI_08_b

####################################################

Master node name: Mst0

Enter the number of intervals:

300000

*** Number of processes: 1

    Calculated pi = 3.1415926535907132688407727982852
            M_PI = 3.1415926535897931159979634685442
    Relative Error = 0.0000000000009201528428093297411

real    39m34.726s
user    39m25.120s
sys     0m0.120s
```

```
alpha@Mst0:/beta/gamma $ time mpiexec -H Mst0,Mst0 MPI_08_b

####################################################

Master node name: Mst0

Enter the number of intervals:

300000

*** Number of processes: 2

    Calculated pi = 3.1415926535907114924839333980341
            M_PI = 3.1415926535897931159979634685442
    Relative Error = 0.0000000000009183764859699294901

real    19m59.694s
user    39m47.750s
sys     0m0.410s
```

```
alpha@Mst0:/beta/gamma $ time mpiexec -H Mst0,Mst0,Mst0 MPI_08_b

####################################################

Master node name: Mst0

Enter the number of intervals:

300000

*** Number of processes: 3

    Calculated pi = 3.1415926535907026106997363967821
            M_PI = 3.1415926535897931159979634685442
    Relative Error = 0.0000000000009094947017729282381
```

109

第 8 章　スーパークラスタを試す

```
real    13m30.216s
user    40m2.400s
sys     0m0.750s
```

```
alpha@Mst0:/beta/gamma $ time mpiexec -H Mst0,Mst0,Mst0,Mst0 MPI_08_b

####################################################

Master node name: Mst0

Enter the number of intervals:

300000

*** Number of processes: 4

    Calculated pi = 3.14159265359071282475156294 8222
            M_PI = 3.14159265358979311599796346 8544
  Relative Error = 0.00000000000091970875359947 9678

real    11m9.049s
user    42m41.770s
sys     0m0.780s
```

　ここで，2 番目のノードであるスレーブ 1 に移行しており，以下で示される実行時間（16m12.707s）から，ポート 1 とポート 2 の間，より正確にはノード 1（マスター）とノード 2（スレーブ 1）の間のスイッチング遅延の影響が見られます．1 プロセッサに 4 コアあることを思い出してください．著者は 5 番目のコアにも π 方程式に取り組むように命令しましたが，それはスレーブ 1 上のコア 1 です．

　残念ながら，この遅延問題は根強く残り，トランジションポートに配置するノードを追加するにつれ蓄積されます．この問題に対する唯一の解は，より速いスイッチを使うことです．現在，高速スイッチは愛好家や一般人が利用するには非常に高価です．実際，最高水準のスーパーコンピューティングゲームを楽しむ余裕があるのは，無限の処理速度を貪欲に追求している政府や大企業のみです．「無限の速度」はもちろんあり得ませんが，狂気のような冒険がいつどのように終わるのかは，誰にもわかりません．しかし，Pi2/Pi3 の実行を観察した結果，より高性能なプロセッサを搭載した Pi3 スーパーコンピュータの速度が Pi2 スーパーコンピュータを大幅に上回ることは明らかです．

　次世代の愛好家にとって良いニュースは，チップとスイッチング技術が進歩し続けることで，いずれは現在のスーパーマシンと同じ処理能力を持つ比較的安価なスーパーコンピュータを構築できるようになるということです．これは，読者が作った Pi スーパーコンピュータが過去のスーパーコンピュータの処理能力を超えていることからもわかります．

　先に進む前にもう 1 つ．著者は 16 ノードの Pi3 スーパーコンピュータに比較的安価な 16 ポートの光ファイバーケーブル対応の HPE 社 1920-16G マネージドギガビットスイッチを使用しました．このスイッチは，Pi2 スーパーコンピュータで使用した 8 ポートの HPE 社マネージドスイッチの上位機種です．

読者のスーパーコンピュータで他のブランドのマネージドスイッチを使用しても構いませんが，固定 MAC アドレスと固定 IP アドレスを設定する方法は注意深く読んでください．

```
alpha@Mst0:/beta/gamma $ time mpiexec -H Mst0,Mst0,Mst0,Mst0,Slv1 MPI_08_b

####################################################

Master node name: Mst0

Enter the number of intervals:

300000

*** Number of processes: 5

    Calculated pi = 3.141592653590706163413415197283
            M_PI = 3.141592653589793115997963468544
    Relative Error = 0.0000000000000913047415451728739

real    16m12.707s
user    46m36.170s
sys     15m57.120s
```

```
alpha@Mst0:/beta/gamma $ time mpiexec -H Mst0,Mst0,Mst0,Mst0,Slv1,Slv1 MPI_08_b

####################################################

Master node name: Mst0

Enter the number of intervals:

300000

*** Number of processes: 6

    Calculated pi = 3.141592653590706163413415197283
            M_PI = 3.141592653589793115997963468544
    Relative Error = 0.0000000000000913047415451728739

real    14m7.660s
user    39m43.840s
sys     14m24.510s
```

```
alpha@Mst0:/beta/gamma $ time mpiexec -H Mst0,Mst0,Mst0,Mst0,Slv1,Slv1,Slv1 MPI_08_b

####################################################

Master node name: Mst0

Enter the number of intervals:

300000

*** Number of processes: 7

    Calculated pi = 3.141592653590710604305513697909
```

第 8 章　スーパークラスタを試す

```
              M_PI = 3.14159265358979311599796346854⁴
     Relative Error = 0.00000000000091748830755022936⁵

real    12m26.877s
user    34m47.440s
sys     13m3.220s
```

```
alpha@Mst0:/beta/gamma $ time mpiexec -H Mst0,Mst0,Mst0,Mst0,Slv1,Slv1,Slv1,Slv1
MPI_08_b

##################################################

Master node name: Mst0

Enter the number of intervals:

300000

*** Number of processes: 8

     Calculated pi = 3.14159265359071504519761219853⁵
              M_PI = 3.14159265358979311599796346854⁴
     Relative Error = 0.00000000000092192919964872999¹

real    11m31.987s
user    31m52.810s
sys     12m36.590s
```

```
alpha@Mst0:/beta/gamma $ time mpiexec -H Mst0,Mst0,Mst0,Mst0,Slv1,Slv1,Slv1,Slv1,Slv2,
Slv2 MPI_08_b

##################################################

Master node name: Mst0

Enter the number of intervals:

300000

*** Number of processes: 10

     Calculated pi = 3.14159265359071726564366144884⁸
              M_PI = 3.14159265358979311599796346854⁴
     Relative Error = 0.00000000000092414964569798030⁴

real    9m27.184s
user    25m35.720s
sys     10m47.060s
```

```
alpha@Mst0:/beta/gamma $ time mpiexec -H Mst0,Mst0,Mst0,Mst0,Slv1,Slv1,Slv1,Slv1,Slv2,
Slv2,Slv2,Slv2 MPI_08_b

##################################################

Master node name: Mst0
```

112

```
Enter the number of intervals:

300000

*** Number of processes: 12

     Calculated pi = 3.1415926535907203742681303992870
             M_PI = 3.1415926535897931159997963468544
    Relative Error = 0.0000000000000927258270166930743

real    8m49.813s
user   22m46.090s
sys    10m56.390s
```

```
alpha@Mst0:/beta/gamma $ time mpiexec -H Mst0,Mst0,Mst0,Mst0,Slv1,Slv1,Slv1,Slv1,Slv2,
Slv2,Slv2,Slv2,Slv3,Slv3 MPI_08_b

#######################################################

Master node name: Mst0

Enter the number of intervals:

300000

*** Number of processes: 14

     Calculated pi = 3.1415926535907194860897106991620
             M_PI = 3.1415926535897931159997963468544
    Relative Error = 0.0000000000000926370091747230617

real    7m41.531s
user   20m6.740s
sys    9m28.510s
```

```
alpha@Mst0:/beta/gamma $ time mpiexec -H Mst0,Mst0,Mst0,Mst0,Slv1,Slv1,Slv1,Slv1,Slv2,
Slv2,Slv2,Slv2,Slv3,Slv3,Slv3,Slv3 MPI_08_b

#######################################################

Master node name: Mst0

Enter the number of intervals:

300000

*** Number of processes: 16

     Calculated pi = 3.1415926535907208183573402493490
             M_PI = 3.1415926535897931159997963468544
    Relative Error = 0.0000000000000927702359376780805

real    7m5.758s
user   17m47.660s
sys    9m27.860s
```

第 8 章　スーパークラスタを試す

```
alpha@Mst0:/beta/gamma $ time mpiexec -H Mst0,Mst0,Mst0,Mst0,Slv1,Slv1,Slv1,Slv1,Slv2,
Slv2,Slv2,Slv2,Slv3,Slv3,Slv3,Slv3,Slv4,Slv4 MPI_08_b

####################################################

Master node name: Mst0

Enter the number of intervals:

300000

*** Number of processes: 18

     Calculated pi = 3.1415926535907199301789205492240
             M_PI = 3.1415926535897931159979634685440
    Relative Error = 0.0000000000000926814180957080680

real    6m12.352s
user    15m26.270s
sys     8m26.940s
```

```
alpha@Mst0:/beta/gamma $ time mpiexec -H Mst0,Mst0,Mst0,Mst0,Slv1,Slv1,Slv1,Slv1,Slv2,
Slv2,Slv2,Slv2,Slv3,Slv3,Slv3,Slv3,Slv4,Slv4,Slv4,Slv4 MPI_08_b

####################################################

Master node name: Mst0

Enter the number of intervals:

300000

*** Number of processes: 20

     Calculated pi = 3.1415926535907225947141796496000
             M_PI = 3.1415926535897931159979634685440
    Relative Error = 0.0000000000000929478716216181056

real    6m18.800s
user    15m6.500s
sys     9m11.310s
```

```
alpha@Mst0:/beta/gamma $ time mpiexec -H Mst0,Mst0,Mst0,Mst0,Slv1,Slv1,Slv1,Slv1,Slv2,
Slv2,Slv2,Slv2,Slv3,Slv3,Slv3,Slv3,Slv4,Slv4,Slv4,Slv4,Slv5,Slv5 MPI_08_b

####################################################

Master node name: Mst0

Enter the number of intervals:

300000

*** Number of processes: 22

     Calculated pi = 3.1415926535907221506249697995370
             M_PI = 3.1415926535897931159979634685440
    Relative Error = 0.0000000000000929034627006330993
```

114

8.3 Pi3 スーパーコンピューティング

```
real    5m40.196s
user    13m42.310s
sys     8m10.410s
```

```
alpha@Mst0:/beta/gamma $ time mpiexec -H Mst0,Mst0,Mst0,Mst0,Slv1,Slv1,Slv1,Slv1,Slv2,
Slv2,Slv2,Slv2,Slv3,Slv3,Slv3,Slv3,Slv4,Slv4,Slv4,Slv4,Slv5,Slv5,Slv5,Slv5 MPI_08_b

####################################################

Master node name: Mst0

Enter the number of intervals:

300000

*** Number of processes: 24

    Calculated pi = 3.1415926535907212624465500099412
            M_PI = 3.1415926535897931159997963468544
   Relative Error = 0.0000000000000928146448586630868

real    5m51.449s
user    13m30.780s
sys     8m30.330s
```

```
alpha@Mst0:/beta/gamma $ time mpiexec -H Mst0,Mst0,Mst0,Mst0,Slv1,Slv1,Slv1,Slv1,Slv2,
Slv2,Slv2,Slv2,Slv3,Slv3,Slv3,Slv3,Slv4,Slv4,Slv4,Slv4,Slv5,Slv5,Slv5,Slv5,Slv6,Slv6
MPI_08_b

####################################################

Master node name: Mst0

Enter the number of intervals:

300000

*** Number of processes: 26

    Calculated pi = 3.1415926535907208183573402449349
            M_PI = 3.1415926535897931159997963468544
   Relative Error = 0.0000000000000927702359376780805

real    6m0.078s
user    13m27.300s
sys     9m10.070s
```

```
alpha@Mst0:/beta/gamma $ time mpiexec -H Mst0,Mst0,Mst0,Mst0,Slv1,Slv1,Slv1,Slv1,Slv2,
Slv2,Slv2,Slv2,Slv3,Slv3,Slv3,Slv3,Slv4,Slv4,Slv4,Slv4,Slv5,Slv5,Slv5,Slv5,Slv6,Slv6,
Slv6,Slv6 MPI_08_b

####################################################

Master node name: Mst0
```

115

第 8 章　スーパークラスタを試す

```
Enter the number of intervals:

300000

*** Number of processes: 28

     Calculated pi = 3.14159265359072126244655000099412
             M_PI = 3.14159265358979311599796346854     4
    Relative Error = 0.00000000000092814644858663086     8

real     5m24.701s
user     12m31.440s
sys      8m15.760s
```

```
alpha@Mst0:/beta/gamma $ time mpiexec -H Mst0,Mst0,Mst0,Mst0,Slv1,Slv1,Slv1,Slv1,Slv2,
Slv2,Slv2,Slv2,Slv3,Slv3,Slv3,Slv3,Slv4,Slv4,Slv4,Slv4,Slv5,Slv5,Slv5,Slv5,Slv6,Slv6,
Slv6,Slv6,Slv7,Slv7 MPI_08_b

####################################################

Master node name: Mst0

Enter the number of intervals:

300000

*** Number of processes: 30

     Calculated pi = 3.14159265359071993017892054922     4
             M_PI = 3.14159265358979311599796346854     4
    Relative Error = 0.00000000000092681418095708068     0

real     5m12.151s
user     11m34.040s
sys      8m24.120s
```

```
alpha@Mst0:/beta/gamma $ time mpiexec -H Mst0,Mst0,Mst0,Mst0,Slv1,Slv1,Slv1,Slv1,Slv2,
Slv2,Slv2,Slv2,Slv3,Slv3,Slv3,Slv3,Slv4,Slv4,Slv4,Slv4,Slv5,Slv5,Slv5,Slv5,Slv6,Slv6,
Slv6,Slv6,Slv7,Slv7,Slv7,Slv7 MPI_08_b

####################################################

Master node name: Mst0

Enter the number of intervals:

300000

*** Number of processes: 32

     Calculated pi = 3.14159265359072037426813039928     7
             M_PI = 3.14159265358979311599796346854     4
    Relative Error = 0.00000000000092725827016693074     3

real     5m8.955s
user     11m23.230s
sys      8m13.930s
```

8.4 便利な bash ファイルの作成と実行

```
alpha@Mst0:/beta/gamma $ time mpiexec -H Mst0,Mst0,Mst0,Mst0,Slv1,Slv1,Slv1,Slv1,Slv2,
Slv2,Slv2,Slv2,Slv3,Slv3,Slv3,Slv3,Slv4,Slv4,Slv4,Slv4,Slv5,Slv5,Slv5,Slv5,Slv6,Slv6,
Slv6,Slv6,Slv7,Slv7,Slv7,Slv7,Slv8,Slv8,Slv8,Slv8,Slv9,Slv9,Slv9,Slv9,Slv10,Slv10,
Slv10,Slv10,Slv11,Slv11,Slv11,Slv11,Slv12,Slv12,Slv12,Slv12,Slv13,Slv13,Slv13,Slv13,
Slv14,Slv14,Slv14,Slv14,Slv15,Slv15,Slv15,Slv15 MPI_08_b

##################################################

Master node name: Mst0

Enter the number of intervals:

300000

*** Number of processes: 64

    Calculated pi = 3.141592653590720374268130399287
            M_PI = 3.141592653589793115997963468544
   Relative Error = 0.000000000000927258270166930743

real    3m51.196s
user    7m30.340s
sys     7m9.180s
```

8.4 便利な bash ファイルの作成と実行

bash ファイルに単純で便利なコマンドを組み込むことで，スーパークラスタの操作性をさらに改良することができます．vim ~/xx.sh コマンドを入力して，マスターノードでファイルを編集します．xx の部分は，適切な名前，例えば update, upgrade などに変更してください．以下の画面例に示すように，bash コマンドそれぞれに文字列を挿入し，保存，終了します．

作成したプログラムは，bash コマンドを使用して実行します．bash という文字列をファイル名より前に置くことに注意してください．ファイル名は ~/ で始まります．プログラムが実行されると，ssh.sh ファイルの場合を除き，Pi2/Pi3 パスワードを聞かれます．適切なノードに到達するまで単に exit を入力します．このファイルは有用ではないかもしれませんが，望むなら試してみることができます．

vim ~/update.sh と入力し，以下に示すように ~/update.sh ファイルを編集し，保存・終了します．

```
#!/bin/bash

ssh Slv7 'sudo apt update'
ssh Slv6 'sudo apt update'
ssh Slv5 'sudo apt update'
ssh Slv4 'sudo apt update'
ssh Slv3 'sudo apt update'
ssh Slv2 'sudo apt update'
ssh Slv1 'sudo apt update'
```

第 8 章　スーパークラスタを試す

以下に示すように，bash ファイル ~/update.sh を実行します．

pi@Mst0:~ $ bash ~/update.sh # bash実行コマンド

vim ~/upgrade.sh と入力し，以下に示すように ~/upgrade.sh ファイルを編集し，保存・終了します．

```
#!/bin/bash
ssh Slv7 'sudo apt upgrade'
ssh Slv6 'sudo apt upgrade'
ssh Slv5 'sudo apt upgrade'
ssh Slv4 'sudo apt upgrade'
ssh Slv3 'sudo apt upgrade'
ssh Slv2 'sudo apt upgrade'
ssh Slv1 'sudo apt upgrade'
```

以下に示すように，bash ファイル ~/upgrade.sh を実行します．

pi@Mst0:~ $ bash ~/upgrade.sh # bash実行コマンド

スーパーコンピュータを適切に設定したあとで upgrade コマンドを使うと，Pi のオペレーティングシステムの内部設定が変更されてしまい，マシンが意図したように動かなくなることがあります．残念ながら，これはすべての努力をやり直さなければならないことを意味します．ですので，ほかに選択肢がない場合以外は，このコマンドを使用しないでください．

vim ~/shutdown.sh と入力し，以下に示すように ~/shutdown.sh ファイルを編集し，保存・終了します．

```
#!/bin/bash
ssh Slv7 'sudo shutdown -h now'
ssh Slv6 'sudo shutdown -h now'
ssh Slv5 'sudo shutdown -h now'
ssh Slv4 'sudo shutdown -h now'
ssh Slv3 'sudo shutdown -h now'
ssh Slv2 'sudo shutdown -h now'
ssh Slv1 'sudo shutdown -h now'
```

以下に示すように，bash ファイル ~/shutdown.sh を実行します．

pi@Mst0:~ $ bash ~/shutdown.sh # bash実行コマンド

vim ~/reboot.sh と入力し，以下に示すように ~/reboot.sh を編集し，保存・終了します．

```
#!/bin/bash

ssh Slv7 'sudo reboot'
ssh Slv6 'sudo reboot'
ssh Slv5 'sudo reboot'
ssh Slv4 'sudo reboot'
ssh Slv3 'sudo reboot'
ssh Slv2 'sudo reboot'
ssh Slv1 'sudo reboot'
```

以下に示すように，bash ファイル ~/reboot.sh を実行します．

```
pi@Mst0:~ $ bash ~/reboot.sh # bash実行コマンド
```

vim ~/ssh.sh を入力し，以下に示すように ~/ssh.sh を編集します．

```
#!bin/bash

ssh Slv1
ssh Slv2
ssh Slv3
ssh Slv4
ssh Slv5
ssh Slv6
ssh Slv7
```

以下に示すように，bash ファイル ~/ssh.sh を実行します．

```
pi@Mst0:~ $ bash ~/ssh.sh # bash実行コマンド
```

8.5 | 制限を解除する

かなり筋肉質な 32/64 コア Pi2/Pi3 スーパーコンピュータを自由に使えるのですから，これまで実験に使ってきた π コードを，300,000 回でなく 1,000,000 回の繰り返しで実行し，その強力な処理能力を誇示しましょう．π の精度と実行速度の変化に注意してください．著者の 16 ノード Pi3 スーパークラスタでは，100 万回の繰り返しが完了するまでの時間は，制限モードのとき 23m35.096s，無制限モードのとき 0m11.381s となりました．

Pi2 の場合，制限モードの 1,000,000 回の繰り返しは解を出すまでにかなりかかり，無制限モードでは数秒しかかかりません．なお，著者の 76.8 GHz の Pi3 スーパーコンピュータで 5,000,000 回の繰り返しを使い，かなり厳密な π の値を生成してみたところ，処理時間は 7.611 時間に及び，Pi3 をかなり酷使することになりました．

制限モードは，単に外側の for ループ文をコメントアウトするだけで解除され，マシンを全速力で走らせることができます．読者が書く大半の MPI コードには，このような外側の for ループは必要ありませんが，本書の演習の大半はこのコーディング構造を使っています．

第8章 スーパークラスタを試す

制限モードを解除するには，以下のようにします．

```
// for(total_iter = 1; total_iter < n; total_iter++)     // この行をコメントに
{
    sum = 0.0;
    // width = 1.0 / (double)total_iter;                 // この行をコメントに
    width = 1.0 / (double)n;                             // こちらの行を使う
    // for(i = rank + 1; i <= total_iter; i += numprocs)  // この行をコメントに
    {
        x = width * ((double)i - 0.5);
        sum += 4.0/(1.0 + x*x);
    }
```

制限モード，すなわちスーパークラスタの処理能力を調整するために使用するネストされた for ループに関する説明は，第2章を参照してください．

8.6 まとめ

本章では，各ノードで shutdown -h now コマンドを使用してクラスタ全体をシャットダウンした上で，スーパークラスタの電源を再投入してマシンを再初期化し，スーパーコンピュータをテストする方法を学びました．この手順に続いて，複数のノードに π コードの実行を同時に命令して，計算時間の劇的な短縮を達成しました．π の計算時間は，マスターの Pi2 ノードの1コアで 300,000 回の繰り返しを制限モードで実行したとき 58m2.393s，8ノードクラスタで 32 コアすべてを使用したとき 6m58.102s かかったこと，一方，Pi3 スーパーコンピュータでは1コアで同じ繰り返しを制限モードで実行したときは 39m34.726s かかり，32 コアを使用したときは 5m8.955s しかかからなかったこと，そして，16 ノード Pi3 マシンで 64 コアすべてを使用した場合はとてつもなく速い 3m51.196s だったことを思い出してください．5,000,000 回の繰り返しを使用して，64 コアの無制限の Pi3 スーパーコンピュータで π コードを実行した場合は，どれくらいの計算時間になるのでしょうか？ これを確かめるのは読者に任せます．結果は前に得られた 3m51.196s よりもさらに衝撃的です．お楽しみに！！

第9章では，数学における実際の実践例を紹介します．

第 III 部

実世界のアプリケーション

第**9**章

実世界の数学アプリケーション

　この章では，広く使われている4つの数学公式を取り上げます．このうち3つの公式は正弦，余弦，正接の三角関数で，残りの1つは自然対数関数です．三角関数と自然対数関数をテイラー展開で並列化します．

　π 関数の形式は簡単に並列化するのに役に立つので，これまで利用してきたプログラミング構造を使用します．まず逐次版の関数で始め，続いてその関数を MPI 版に修正します．無制限モードの Pi スーパーコンピュータは，ごく少数のプロセッサしか使わずに，これらの方程式を高速に解きます．実際，スーパークラスタ全体を使用するのは以下の演習のほとんどではやりすぎで，素手のケンカに重機関銃を持ち込むようなものです．しかし，大規模な MPI ライブラリのほんの一部を使用するだけのこれらの演習は，読者の MPI プログラミングのスキルを強化するのに役に立つことから，是非取り組んでみてください．

　本章では，以下について学びます．

- 逐次での sine(x) 関数のテイラー展開の書き方と実行方法
- MPI での sine(x) 関数のテイラー展開の書き方と実行方法
- 逐次での cosine(x) 関数のテイラー展開の書き方と実行方法
- MPI での cosine(x) 関数のテイラー展開の書き方と実行方法
- 上記の sine(x) 関数と cosine(x) 関数を組み合わせた逐次での tangent(x) 関数のテイラー展開の書き方と実行方法
- 上記の sine(x) 関数と cosine(x) 関数を組み合わせた MPI での tangent(x) 関数のテイラー展開の書き方と実行方法
- 逐次での ln(x) 関数のテイラー展開の書き方と実行方法
- MPI での ln(x) 関数のテイラー展開の書き方と実行方法

コードは，まず著者のメイン PC で開発・デバッグし，次に，.c ファイルを Pi3 スーパークラスタのマスターノードに SFTP して，エクスポートした gamma ディレクトリでコンパイルしました．以下の実行結果は，著者の Pi3 スーパーコンピュータの 64 プロセッサのうち 16 プロセッサのみを使用して生成されたものです．

9.1 MPI 版 sine(x) のテイラー級数

以下のテイラー級数 sine(x) 関数から始めます．

$$\text{sine}(x) = \sum_{k=0}^{\infty} (-1^k) \times \frac{x^{2k+1}}{(2k+1)!}$$

マスターノードでこの逐次版の sine(x) コードを書き，コンパイルし，実行します．以下は逐次版の sine(x) コードを示しています．

```
/*******************************
*** 逐次版sine(x)コード ***

sine(x)のテイラー級数表現

作者：Carlos R. Morrison

日付：2017年1月10日
*******************************/

#include <math.h>
#include <stdio.h>

int main(void)
{
  unsigned int j;
  unsigned long int k;
  long long int B,D;
  int num_loops = 17;
  float y;
  double x;
  double sum0=0,A,C,E;
/****************************************************/
  printf("\n");
  printf("Enter angle(deg.):\n");
  printf("\n");
  scanf("%f",&y);
  if(y <= 180.0)
  {
    x = y*(M_PI/180.0);
  }
  else
    x = -(360.0-y)*(M_PI/180.0);
/****************************************************/
```

第 9 章　実世界の数学アプリケーション

```c
  sum0 = 0;
  for(k = 0; k < num_loops; k++)
  {
    A = (double)pow(-1,k); // (-1^k)
    B = 2*k+1;
    C = (double)pow(x,B);

    D = 1;
    for(j=1; j <= B; j++) // (2k+1)!
    {
      D *= j;
    }

    E = (A*C)/(double)D;

    sum0 += E;
  }

  printf("\n");
  printf(" %.1f deg. = %.3f rads\n", y, x);
  printf("Sine(%.1f) = %.4f\n", y, sum0);

  return 0;
}
```

　次に，逐次版 sine(x) コードの MPI 版を書き，コンパイルし，16 ノードのそれぞれから 1 プロセッサを利用して実行します．

```c
/*********************************
 *** MPI版sine(x)コード ***

 sine(x)のテイラー級数表現

 作者：Carlos R. Morrison

 日付：2017年1月10日
 *********************************/

#include <mpi.h>    // (Open)MPIライブラリ
#include <math.h>   // 数学ライブラリ
#include <stdio.h> // 標準入出力ライブラリ

int main(int argc, char* argv[])
{
  long long int total_iter,B,D;
  int n = 17,rank,length,numprocs,i,j;
  unsigned long int k;
  double sum,sum0,rank_integral,A,C,E;
  float y,x;
  char hostname[MPI_MAX_PROCESSOR_NAME];

  MPI_Init(&argc, &argv);                    // MPIの初期化
  MPI_Comm_size(MPI_COMM_WORLD, &numprocs);  // プロセス数の取得
  MPI_Comm_rank(MPI_COMM_WORLD, &rank);      // 現在のプロセスIDの取得
  MPI_Get_processor_name(hostname, &length); // ホスト名の取得
```

124

```c
  if(rank == 0)
  {
    printf("\n");
    printf("#######################################################");
    printf("\n\n");
    printf("*** Number of processes: %d\n",numprocs);
    printf("*** processing capacity: %.1f GHz.\n",numprocs*1.2);
    printf("\n\n");
    printf("Master node name: %s\n", hostname);
    printf("\n");
    printf("Enter angle(deg.):\n");
    printf("\n");
    scanf("%f",&y);
    if(y <= 180.0)
    {
      x = y*(M_PI/180.0);
    }
    else
      x = -(360.0-y)*(M_PI/180.0);
  } // if(rank == 0) の終了

// 入力項目n, xをすべてのプロセスにブロードキャストする
  MPI_Bcast(&n, 1, MPI_INT, 0, MPI_COMM_WORLD);
  MPI_Bcast(&x, 1, MPI_INT, 0, MPI_COMM_WORLD);

// 以下のループは，繰り返しの最大数を増やすことでプロセッサの計算速度を
// テストする追加作業を提供する
// for(total_iter = 1; total_iter < n; total_iter++)
  {
    sum0 = 0.0;
//  for(i = rank + 1; i <= total_iter; i += numprocs)
    for(i = rank + 1; i <= n; i += numprocs)
    {
      k = (i-1);

      A = (double)pow(-1,k);
      B = 2*k+1;
      C = (double)pow(x,B);

      D = 1;
      for(j=1; j <= B; j++)
      {
        D *= j;
      }
      E = (A*C)/(double)D;

      sum0 += E;
    }

    rank_integral = sum0; // 与えられたランク（識別番号）に対する部分和

//  部分和sum0の値をすべてのプロセスから集めて足す
    MPI_Reduce(&rank_integral, &sum, 1, MPI_DOUBLE,MPI_SUM, 0, MPI_COMM_WORLD);

  } // for(total_iter = 1; total_iter < n; total_iter++) の終了
```

第 9 章　実世界の数学アプリケーション

```c
  if(rank == 0)
  {
    printf("\r\r");
    printf("  %.1f deg. = %.3f rads\r", y, x);
    printf("Sine(%.3f) = %.3f\r", x, sum);
  }

// クリーンアップ，MPIの終了
  MPI_Finalize();

  return 0;
}
```

　MPI 版の sine(x) の実行結果を見てみましょう．

```
alpha@Mst0:/beta/gamma $ time mpiexec -H Mst0,Slv1,Slv2,Slv3,Slv4,Slv5,Slv6,Slv7,Slv8,
Slv9,Slv10,Slv11,Slv12,Slv13,Slv14,Slv15 MPI_sine

####################################################

*** Number of processes: 16
*** processing capacity: 19.2 GHz.

Master node name: Mst0

Enter angle(deg.):

0

   0.0 deg. = 0.000 rads
Sine(0.000) = 0.000

real 0m10.404s
user 0m1.290s
sys  0m0.280s
```

```
alpha@Mst0:/beta/gamma $ time mpiexec -H Mst0,Slv1,Slv2,Slv3,Slv4,Slv5,Slv6,Slv7,Slv8,
Slv9,Slv10,Slv11,Slv12,Slv13,Slv14,Slv15 MPI_sine

####################################################

*** Number of processes: 16
*** processing capacity: 19.2 GHz.

Master node name: Mst0

Enter angle(deg.):

30

  30.0 deg. = 0.524 rads
Sine(0.524) = 0.500

real 0m11.621s
user 0m1.270s
sys  0m0.330s
```

126

9.1 MPI 版 sine(x) のテイラー級数

```
alpha@Mst0:/beta/gamma $ time mpiexec -H Mst0,Slv1,Slv2,Slv3,Slv4,Slv5,Slv6,Slv7,Slv8,
Slv9,Slv10,Slv11,Slv12,Slv13,Slv14,Slv15 MPI_sine

#######################################################

*** Number of processes: 16
*** processing capacity: 19.2 GHz.

Master node name: Mst0

Enter angle(deg.):

60

  60.0 deg. = 1.047 rads
Sine(1.047) = 0.866

real 0m6.494s
user 0m1.230s
sys  0m0.340s
```

```
alpha@Mst0:/beta/gamma $ time mpiexec -H Mst0,Slv1,Slv2,Slv3,Slv4,Slv5,Slv6,Slv7,Slv8,
Slv9,Slv10,Slv11,Slv12,Slv13,Slv14,Slv15 MPI_sine

#######################################################

*** Number of processes: 16
*** processing capacity: 19.2 GHz.

Master node name: Mst0

Enter angle(deg.):

90

  90.0 deg. = 1.571 rads
Sine(1.571) = 1.000

real 0m10.090s
user 0m1.200s
sys  0m0.380s
```

```
alpha@Mst0:/beta/gamma $ time mpiexec -H Mst0,Slv1,Slv2,Slv3,Slv4,Slv5,Slv6,Slv7,Slv8,
Slv9,Slv10,Slv11,Slv12,Slv13,Slv14,Slv15 MPI_sine

#######################################################

*** Number of processes: 16
*** processing capacity: 19.2 GHz.

Master node name: Mst0

Enter angle(deg.):

120

 120.0 deg. = 2.094 rads
Sine(2.094) = 0.866
```

```
real    0m4.674s
user    0m1.220s
sys     0m0.370s
```

```
alpha@Mst0:/beta/gamma $ time mpiexec -H Mst0,Slv1,Slv2,Slv3,Slv4,Slv5,Slv6,Slv7,Slv8,
Slv9,Slv10,Slv11,Slv12,Slv13,Slv14,Slv15 MPI_sine

###################################################

*** Number of processes: 16
*** processing capacity: 19.2 GHz.

Master node name: Mst0

Enter angle(deg.):

150

 150.0 deg. = 2.618 rads
Sine(2.618) = 0.500

real    0m6.942s
user    0m1.240s
sys     0m0.360s
```

```
alpha@Mst0:/beta/gamma $ time mpiexec -H Mst0,Slv1,Slv2,Slv3,Slv4,Slv5,Slv6,Slv7,Slv8,
Slv9,Slv10,Slv11,Slv12,Slv13,Slv14,Slv15 MPI_sine

###################################################

*** Number of processes: 16
*** processing capacity: 19.2 GHz.

Master node name: Mst0

Enter angle(deg.):

180

 180.0 deg. = 3.142 rads
Sine(3.142) = 0.007

real    0m7.757s
user    0m1.190s
sys     0m0.370s
```

```
alpha@Mst0:/beta/gamma $ time mpiexec -H Mst0,Slv1,Slv2,Slv3,Slv4,Slv5,Slv6,Slv7,Slv8,
Slv9,Slv10,Slv11,Slv12,Slv13,Slv14,Slv15 MPI_sine

###################################################

*** Number of processes: 16
*** processing capacity: 19.2 GHz.

Master node name: Mst0

Enter angle(deg.):
```

```
210

   210.0 deg. = -2.618 rads
Sine(-2.618) = -0.500

real 0m9.312s
user 0m1.280s
sys  0m0.480s
```

```
alpha@Mst0:/beta/gamma $ time mpiexec -H Mst0,Slv1,Slv2,Slv3,Slv4,Slv5,Slv6,Slv7,Slv8,
Slv9,Slv10,Slv11,Slv12,Slv13,Slv14,Slv15 MPI_sine

######################################################

*** Number of processes: 16
*** processing capacity: 19.2 GHz.

Master node name: Mst0

Enter angle(deg.):

240

   240.0 deg. = -2.094 rads
Sine(-2.094) = -0.866

real 0m7.053s
user 0m1.300s
sys  0m0.320s
```

```
alpha@Mst0:/beta/gamma $ time mpiexec -H Mst0,Slv1,Slv2,Slv3,Slv4,Slv5,Slv6,Slv7,Slv8,
Slv9,Slv10,Slv11,Slv12,Slv13,Slv14,Slv15 MPI_sine

######################################################

*** Number of processes: 16
*** processing capacity: 19.2 GHz.

Master node name: Mst0

Enter angle(deg.):

270

   270.0 deg. = -1.571 rads
Sine(-1.571) = -1.000

real 0m9.521s
user 0m1.220s
sys  0m0.340s
```

```
alpha@Mst0:/beta/gamma $ time mpiexec -H Mst0,Slv1,Slv2,Slv3,Slv4,Slv5,Slv6,Slv7,Slv8,
Slv9,Slv10,Slv11,Slv12,Slv13,Slv14,Slv15 MPI_sine

######################################################

*** Number of processes: 16
*** processing capacity: 19.2 GHz.
```

第9章　実世界の数学アプリケーション

```
Master node name: Mst0

Enter angle(deg.):

300

  300.0 deg. = -1.047 rads
Sine(-1.047) = -0.866

real 0m20.375s
user 0m1.260s
sys  0m0.330s
```

```
alpha@Mst0:/beta/gamma $ time mpiexec -H Mst0,Slv1,Slv2,Slv3,Slv4,Slv5,Slv6,Slv7,Slv8,
Slv9,Slv10,Slv11,Slv12,Slv13,Slv14,Slv15 MPI_sine

####################################################

*** Number of processes: 16
*** processing capacity: 19.2 GHz.

Master node name: Mst0

Enter angle(deg.):

330

  330.0 deg. = -0.524 rads
Sine(-0.524) = -0.500

real 0m7.629s
user 0m1.440s
sys  0m0.350s
```

```
alpha@Mst0:/beta/gamma $ time mpiexec -H Mst0,Slv1,Slv2,Slv3,Slv4,Slv5,Slv6,Slv7,Slv8,
Slv9,Slv10,Slv11,Slv12,Slv13,Slv14,Slv15 MPI_sine

####################################################

*** Number of processes: 16
*** processing capacity: 19.2 GHz.

Master node name: Mst0

Enter angle(deg.):

360

  360.0 deg. = -0.000 rads
Sine(-0.000) = 0.000

real 0m11.463s
user 0m1.260s
sys  0m0.290s
```

図 9.1 は MPI 版の sine(x) の実行をプロットしたものです．

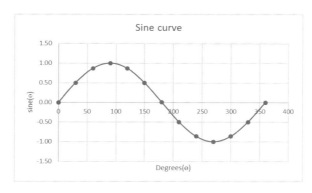

図 9.1　正弦曲線

9.2 ｜ MPI 版 cosine(x) のテイラー級数

cosine(x) 関数のテイラー級数の公式は以下のとおりです．

$$\text{cosine}(x) = \sum_{k=0}^{\infty} (-1^k) \times \frac{x^{2k}}{(2k)!}$$

プログラムの感触を得るために，この逐次版の cosine(x) コードを書いて，コンパイルして実行します．

```
/*******************************
*** 逐次版cosine(x)コード ***

cosine(x)のテイラー級数表現

作者：Carlos R. Morrison

日付：2017年1月10日
*******************************/

#include <math.h>
#include <stdio.h>

int main(void)
{
  unsigned int j;
  unsigned long int k;
  long long int B,D;
  int num_loops = 17;
  float y;
  double x;
  double sum0=0,A,C,E;
```

第 9 章　実世界の数学アプリケーション

```
/**************************************************/
  printf("\n'');
  printf("Enter angle(deg.):\n");
  printf("\n");
  scanf("%f",&y);
  if(y <= 180.0)
  {
    x = y*(M_PI/180.0);
  }
  else
    x = -(360.0-y)*(M_PI/180.0);
/**************************************************/

  sum0 = 0;
  for(k = 0; k < num_loops; k++)
  {
    A = (double)pow(-1,k); // (-1^k)
    B = 2*k;
    C = (double)pow(x,B);

    D = 1;
    for(j=1; j <= B; j++) // (2k!)
    {
      D *= j;
    }

    E = (A*C)/(double)D;

    sum0 += E;
  }

  printf("\n");
  printf("   %.1f deg. = %.3f rads\n", y, x);
  printf("Cosine(%.1f) = %.4f\n", y, sum0);

  return 0;
}
```

　次に，逐次版 cosine(x) コードの MPI 版を書いて，コンパイルし，16 ノードのそれぞれ 1 プロセッサを利用して実行します．

```
/********************************
 *** MPI版cosine(x)コード ***

cosine(x)のテイラー級数表現

 作者：Carlos R. Morrison

 日付：2017年1月10日
 ********************************/

#include <mpi.h>    // (Open)MPIライブラリ
#include <math.h>   // 数学ライブラリ
#include <stdio.h>  // 標準入出力ライブラリ

int main(int argc, char*argv[])
```

132

9.2 MPI 版 cosine(x) のテイラー級数

```
{
  long long int total_iter,B,D;
  int n = 17,rank,length,numprocs,i,j;
  unsigned long int k;
  double sum,sum0,rank_integral,A,C,E;
  float y,x;
  char hostname[MPI_MAX_PROCESSOR_NAME];

  MPI_Init(&argc, &argv);                    // MPIの初期化
  MPI_Comm_size(MPI_COMM_WORLD, &numprocs);  // プロセス数の取得
  MPI_Comm_rank(MPI_COMM_WORLD, &rank);      // 現在のプロセスIDの取得
  MPI_Get_processor_name(hostname, &length); // ホスト名の取得

  if(rank == 0)
  {
    printf("\n");
    printf("####################################################");
    printf("\n\n");
    printf("*** Number of processes: %d\n",numprocs);
    printf("*** processing capacity: %.1f GHz.\n",numprocs*1.2);
    printf("\n\n");
    printf("Master node name: %s\n", hostname);
    printf("\n");
    printf("Enter angle(deg.):\n");
    printf("\n");
    scanf("%f",&y);
    if(y <= 180.0)
    {
      x = y*(M_PI/180.0);
    }
    else
    x = -(360.0-y)*(M_PI/180.0);
  }

// 入力項目n, xをすべてのプロセスにブロードキャストする
  MPI_Bcast(&n, 1, MPI_INT, 0, MPI_COMM_WORLD);
  MPI_Bcast(&x, 1, MPI_INT, 0, MPI_COMM_WORLD);

// 以下のループは，繰り返しの最大数を増やすことでプロセッサの計算速度を
// テストする追加作業を提供する
//  for(total_iter = 1; total_iter < n; total_iter++)
  {
    sum0 = 0.0;
//   for(i = rank + 1; i <= total_iter; i += numprocs)
    for(i = rank + 1; i <= n; i += numprocs)
    {
      k = (i-1);

      A = (double)pow(-1,k); // (-1^k)
      B = 2*k;
      C = (double)pow(x,B);

      D = 1;
      for(j=1; j <= B; j++) // (2k!)
      {
        D *= j;
      }
```

133

第 9 章　実世界の数学アプリケーション

```
        E = (A*C)/(double)D;

        sum0 += E;
    }

    rank_integral = sum0; // 与えられたランク（識別番号）に対する部分和

//  部分和sum0の値をすべてのプロセスから集めて足す
    MPI_Reduce(&rank_integral, &sum, 1, MPI_DOUBLE,MPI_SUM, 0, MPI_COMM_WORLD);

 } // for(total_iter = 1; total_iter < n; total_iter++) の終了

 if(rank == 0)
 {
   printf("\n\n");
   printf("    %.1f deg. = %.3f rads\n", y, x);
   printf("Cosine(%.3f) = %.3f\n", x, sum);
 }

// クリーンアップ，MPIの終了
 MPI_Finalize();

 return 0;
} // int main(int argc, char* argv[]) の終了
```

以下は MPI 版 cosine(x) の実行結果です．

```
alpha@Mst0:/beta/gamma $ time mpiexec -H Mst0,Slv1,Slv2,Slv3,Slv4,Slv5,Slv6,Slv7,Slv8,
Slv9,Slv10,Slv11,Slv12,Slv13,Slv14,Slv15 MPI_cosine

####################################################

*** Number of processes: 16
*** processing capacity: 19.2 GHz.

Master node name: Mst0

Enter angle(deg.):

0

    0.0 deg. = 0.000 rads
Cosine(0.000) = 1.000

real 0m5.309s
user 0m1.280s
sys  0m0.280s
```

```
alpha@Mst0:/beta/gamma $ time mpiexec -H Mst0,Slv1,Slv2,Slv3,Slv4,Slv5,Slv6,Slv7,Slv8,
Slv9,Slv10,Slv11,Slv12,Slv13,Slv14,Slv15 MPI_cosine

####################################################

*** Number of processes: 16
*** processing capacity: 19.2 GHz.
```

134

```
Master node name: Mst0

Enter angle(deg.):

30

    30.0 deg. = 0.524 rads
Cosine(0.524) = 0.866

real 0m13.045s
user 0m1.270s
sys  0m0.400s
```

```
alpha@Mst0:/beta/gamma $ time mpiexec -H Mst0,Slv1,Slv2,Slv3,Slv4,Slv5,Slv6,Slv7,Slv8,
Slv9,Slv10,Slv11,Slv12,Slv13,Slv14,Slv15 MPI_cosine

####################################################

*** Number of processes: 16
*** processing capacity: 19.2 GHz.

Master node name: Mst0

Enter angle(deg.):

60

    60.0 deg. = 1.047 rads
Cosine(1.047) = 0.500

real 0m18.477s
user 0m1.150s
sys  0m0.450s
```

```
alpha@Mst0:/beta/gamma $ time mpiexec -H Mst0,Slv1,Slv2,Slv3,Slv4,Slv5,Slv6,Slv7,Slv8,
Slv9,Slv10,Slv11,Slv12,Slv13,Slv14,Slv15 MPI_cosine

####################################################

*** Number of processes: 16
*** processing capacity: 19.2 GHz.

Master node name: Mst0

Enter angle(deg.):

90

    90.0 deg. = 1.571 rads
Cosine(1.571) = -0.000

real 0m10.567s
user 0m1.240s
sys  0m0.360s
```

第 9 章　実世界の数学アプリケーション

```
alpha@Mst0:/beta/gamma $ time mpiexec -H Mst0,Slv1,Slv2,Slv3,Slv4,Slv5,Slv6,Slv7,Slv8,
Slv9,Slv10,Slv11,Slv12,Slv13,Slv14,Slv15 MPI_cosine

###################################################

*** Number of processes: 16
*** processing capacity: 19.2 GHz.

Master node name: Mst0

Enter angle(deg.):

120

    120.0 deg. = 2.094 rads
Cosine(2.094) = -0.500

real 0m7.056s
user 0m1.310s
sys  0m0.330s
```

```
alpha@Mst0:/beta/gamma $ time mpiexec -H Mst0,Slv1,Slv2,Slv3,Slv4,Slv5,Slv6,Slv7,Slv8,
Slv9,Slv10,Slv11,Slv12,Slv13,Slv14,Slv15 MPI_cosine

###################################################

*** Number of processes: 16
*** processing capacity: 19.2 GHz.

Master node name: Mst0

Enter angle(deg.):

150

    150.0 deg. = 2.618 rads
Cosine(2.618) = -0.866

real 0m8.202s
user 0m1.200s
sys  0m0.390s
```

```
alpha@Mst0:/beta/gamma $ time mpiexec -H Mst0,Slv1,Slv2,Slv3,Slv4,Slv5,Slv6,Slv7,Slv8,
Slv9,Slv10,Slv11,Slv12,Slv13,Slv14,Slv15 MPI_cosine

###################################################

*** Number of processes: 16
*** processing capacity: 19.2 GHz.

Master node name: Mst0

Enter angle(deg.):

180

    180.0 deg. = 3.142 rads
```

9.2　MPI版 cosine(x) のテイラー級数

```
Cosine(3.142) = -1.001

real 0m11.139s
user 0m1.250s
sys  0m0.350s
```

```
alpha@Mst0:/beta/gamma $ time mpiexec -H Mst0,Slv1,Slv2,Slv3,Slv4,Slv5,Slv6,Slv7,Slv8,
Slv9,Slv10,Slv11,Slv12,Slv13,Slv14,Slv15 MPI_cosine

######################################################

*** Number of processes: 16
*** processing capacity: 19.2 GHz.

Master node name: Mst0

Enter angle(deg.):

210

    210.0 deg. = -2.618 rads
Cosine(-2.618) = -0.866

real 0m6.400s
user 0m1.290s
sys  0m0.330s
```

```
alpha@Mst0:/beta/gamma $ time mpiexec -H Mst0,Slv1,Slv2,Slv3,Slv4,Slv5,Slv6,Slv7,Slv8,
Slv9,Slv10,Slv11,Slv12,Slv13,Slv14,Slv15 MPI_cosine

######################################################

*** Number of processes: 16
*** processing capacity: 19.2 GHz.

Master node name: Mst0

Enter angle(deg.):

240

    240.0 deg. = -2.094 rads
Cosine(-2.094) = -0.500

real 0m11.837s
user 0m1.320s
sys  0m0.340s
```

```
alpha@Mst0:/beta/gamma $ time mpiexec -H Mst0,Slv1,Slv2,Slv3,Slv4,Slv5,Slv6,Slv7,Slv8,
Slv9,Slv10,Slv11,Slv12,Slv13,Slv14,Slv15 MPI_cosine

######################################################

*** Number of processes: 16
*** processing capacity: 19.2 GHz.
```

137

第 9 章　実世界の数学アプリケーション

```
Master node name: Mst0

Enter angle(deg.):

270

    270.0 deg. = -1.571 rads
Cosine(-1.571) = -0.000

real 0m8.228s
user 0m1.200s
sys  0m0.360s
```

```
alpha@Mst0:/beta/gamma $ time mpiexec -H Mst0,Slv1,Slv2,Slv3,Slv4,Slv5,Slv6,Slv7,Slv8,
Slv9,Slv10,Slv11,Slv12,Slv13,Slv14,Slv15 MPI_cosine

####################################################

*** Number of processes: 16
*** processing capacity: 19.2 GHz.

Master node name: Mst0

Enter angle(deg.):

300

    300.0 deg. = -1.047 rads
Cosine(-1.047) = 0.500

real 0m7.509s
user 0m1.270s
sys  0m0.350s
```

```
alpha@Mst0:/beta/gamma $ time mpiexec -H Mst0,Slv1,Slv2,Slv3,Slv4,Slv5,Slv6,Slv7,Slv8,
Slv9,Slv10,Slv11,Slv12,Slv13,Slv14,Slv15 MPI_cosine

####################################################

*** Number of processes: 16
*** processing capacity: 19.2 GHz.

Master node name: Mst0

Enter angle(deg.):

330

    330.0 deg. = -0.524 rads
Cosine(-0.524) = 0.866

real 0m7.167s
user 0m1.180s
sys  0m0.350s
```

```
alpha@Mst0:/beta/gamma $ time mpiexec -H Mst0,Slv1,Slv2,Slv3,Slv4,Slv5,Slv6,Slv7,Slv8,
Slv9,Slv10,Slv11,Slv12,Slv13,Slv14,Slv15 MPI_cosine

#######################################################

*** Number of processes: 16
*** processing capacity: 19.2 GHz.

Master node name: Mst0

Enter angle(deg.):

360

     360.0 deg. = -0.000 rads
Cosine(-0.000) = 1.000

real    0m10.469s
user    0m1.250s
sys     0m0.300s
```

図 9.2 は MPI 版 cosine(x) の実行をプロットしたものです．

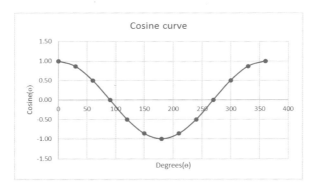

図 9.2 余弦曲線

9.3 │ MPI 版 tangent(x) のテイラー級数

tangent(x) = sine(x)/cosine(x) なので，tangent(x) は，sine(x) と cosine(x) のテイラー級数の公式を組み合わせることで構築できます．

$$\text{tangent}(x) = \frac{\sum_{k=0}^{\infty}(-1^k) \times \frac{x^{2k+1}}{(2k+1)!}}{\sum_{k=0}^{\infty}(-1^k) \times \frac{x^{2k}}{(2k)!}}$$

プログラムの感触を得るために，この逐次版の tangent(x) コードを書き，コンパイルし，実行します．

第 9 章　実世界の数学アプリケーション

```c
/**************************************
*** 逐次版tangent(x)コード ***

合成したtangent(x)のテイラー級数表現

作者：Carlos R. Morrison

日付：2017年1月10日
**************************************/

#include <math.h>
#include <stdio.h>

int main(void)
{
/*************************************************/
  unsigned int i,j,l;
  unsigned long int k;
  long long int B,D,G,I;
  int num_loops = 17;
  float y;
  double x;
  double sum=0,sum01=0,sum02=0;
  double A,C,E,F,H,J;
/*************************************************/

/*************************************************/
  printf("\n");
Z:printf("Enter angle(deg.):\n");
  printf("\n");
  scanf("%f",&y);
  if(y >= 0 && y < 90.0)
  {
    x = y*(M_PI/180.0);
  }
  else
  if(y > 90.0 && y <= 180.0)
  {
    x = -(180.0-y)*(M_PI/180.0);
  }
  else
  if(y >= 180.0 && y < 270)
  {
    x = -(180-y)*(M_PI/180.0);
  }
  else
  if(y > 270.0 && y <= 360)
  {
    x = -(360.0-y)*(M_PI/180.0);
  }
  else
  {
    printf("\n");
    printf("Bad input !! Please try another angle\n");
    printf("\n");
    goto Z;
```

140

9.3 MPI 版 tangent(x) のテイラー級数

```c
  }
/***************************************************/

/***************************************************
 ***** 正弦の値を計算する部分 *****
 ***************************************************/
  sum01 = 0;
  for(i = 0; i < num_loops; i++)
  {
    A = (double)pow(-1,i);
    B = 2*i+1;
    C = (double)pow(x,B);

    D = 1;
    for(j = 1; j <= B; j++)
    {
      D *= j;
    }

    E = (A*C)/(double)D;

    sum01 += E;
  } // for(i = 0; i < num_loops; i++) の終了

/*****************************************************
 ***** 余弦の値を計算する部分 *****
 *****************************************************/
  sum02 = 0;
  for(k = 0; k < num_loops; k++)
  {
    F = (double)pow(-1,k);
    G = 2*k;
    H = (double)pow(x,G);

    I = 1;
    for(l = 1; l <= G; l++)
    {
      I *= l;
    }

    J = (F*H)/(double)I;

    sum02 += J;
  } // for(k = 0; k < num_loops; k++) の終了

/******************************************************
 ***** 正接の値を計算する部分 *****
 ******************************************************/

    /********************/
    sum = sum01/sum02;  // tangent(x) ==> sine(x)/cosine(x)
    /********************/

/******************************************************/
  printf("\n");
  printf("%.1f deg. = %.3f rads\n", y, x);
  printf("tangent(%.1f) = %.3f\n", y, sum);
```

141

第 9 章　実世界の数学アプリケーション

```
  return 0;
} // int main(void) の終了
```

次に，逐次版の tangent(x) コードの MPI 版を書き，コンパイルし，16 ノードそれぞれから 1 つのプロセッサを使用して実行します．

```c
/************************************
 *** MPI版tangent(x)コード ***

合成したtangent(x)のテイラー級数表現

作者：Carlos R. Morrison

日付：2017年1月10日
*************************************/

#include <mpi.h>    // (Open)MPIライブラリ
#include <math.h>   // 数学ライブラリ
#include <stdio.h>  // 標準入出力ライブラリ

int main(int argc, char *argv[])
{
/********************************************************************/
  unsigned int i,j,l;
  unsigned long int k,m,n;
  long long int B,D,G,I;
  int Q = 17,rank,length,numprocs;
  float x,y;
  double sum,sum1,sum2,sum01=0,sum02=0,rank_sum,rank_sum1,rank_sum2;
  double A,C,E,F,H,J;
  char hostname[MPI_MAX_PROCESSOR_NAME];

  MPI_Init(&argc, &argv);                    // MPIの初期化
  MPI_Comm_size(MPI_COMM_WORLD, &numprocs);  // プロセス数の取得
  MPI_Comm_rank(MPI_COMM_WORLD, &rank);      // 現在のプロセスIDの取得
  MPI_Get_processor_name(hostname, &length); // ホスト名の取得
/********************************************************************/

  if(rank == 0)
  {
    printf("\n");
    printf("###############################################");
    printf("\n\n");
    printf("*** Number of processes: %d\n",numprocs);
    printf("*** processing capacity: %.1f GHz.\n",numprocs*1.2);
    printf("\n\n");
    printf("Master node name: %s\n", hostname);
    printf("\n");
    printf("\n");
Z: printf("Enter angle(deg.):\n");
    printf("\n");
    scanf("%f",&y);

    if(y >= 0 && y < 90.0)
    {
```

142

9.3 MPI 版 tangent(x) のテイラー級数

```c
      x = y*(M_PI/180.0);
    }
    else
    if(y > 90.0 && y <= 180.0)
    {
      x = -(180.0-y)*(M_PI/180.0);
    }
    else
    if(y >= 180.0 && y < 270)
    {
      x = -(180-y)*(M_PI/180.0);
    }
    else
    if(y > 270.0 && y <= 360)
    {
      x = -(360.0-y)*(M_PI/180.0);
    }
    else
    {
      printf("\n");
      printf("Bad input !! Please try another angle\n");
      printf("\n");
      goto Z;
    }
  } // if(rank == 0) の終了
/*******************************************************************************/

// 入力項目Q, xをすべてのプロセスにブロードキャストする
  MPI_Bcast(&Q, 1, MPI_INT, 0, MPI_COMM_WORLD);
  MPI_Bcast(&x, 1, MPI_INT, 0, MPI_COMM_WORLD);

// 以下のループは，繰り返しの最大数を増やすことでプロセッサの計算速度を
// テストする追加作業を提供する
// for(total_iter = 1; total_iter < Q; total_iter++)
  {
    sum01 = 0;
    sum02 = 0;
//  for(total_iter = 1; i < total_iter; total_iter++)
    for(i = rank + 1; i <= Q; i += numprocs)
    {
      m = (i-1);
    /*************************************************
      ***** 正弦の値を計算する部分 *****
      *************************************************/
      A = (double)pow(-1,m);
      B = 2*m+1;
      C = (double)pow(x,B);

      D = 1;
      for(j = 1; j <= B; j++)
      {
        D *= j;
      }

      E = (A*C)/(double)D;

      sum01 += E;
```

143

第9章 実世界の数学アプリケーション

```c
    /*******************************************************
     ***** 余弦の値を計算する部分 *****
     *******************************************************/
    F = (double)pow(-1,m);
    G = 2*m;
    H = (double)pow(x,G);

    I = 1;
    for(l = 1; l <= G; l++)
    {
      I *= l;
    }

    J = (F*H)/(double)I;

    sum02 += J;
    } // for(i = rank + 1; i <= Q; i += numprocs) の終了

  rank_sum1 = sum01;
  rank_sum2 = sum02;

// 部分和sum0の値をすべてのプロセスから集めて足す
  MPI_Reduce(&rank_sum1, &sum1, 1, MPI_DOUBLE,MPI_SUM, 0, MPI_COMM_WORLD);
  MPI_Reduce(&rank_sum2, &sum2, 1, MPI_DOUBLE,MPI_SUM, 0, MPI_COMM_WORLD);
  } // for(total_iter = 1; total_iter < n; total_iter++) の終了

  if(rank == 0)
  {
    sum = sum1/sum2; // tangent(x) ==> sine(x)/cosine(x)
    printf("\n");
    printf("    %.1f deg. = %.3f rads\n", y, x);
    printf("Tangent(%.1f) = %.3f\n", y, sum);
  }

// クリーンアップ，MPIの終了
  MPI_Finalize();

  return 0;
} // int main(int argc, char *argv[]) の終了
```

MPI 版 `tangent(x)` の実行を確認します．

```
alpha@Mst0:/beta/gamma $ time mpiexec -H Mst0,Slv1,Slv2,Slv3,Slv4,Slv5,Slv6,Slv7,Slv8,
Slv9,Slv10,Slv11,Slv12,Slv13,Slv14,Slv15 MPI_tan

####################################################

*** Number of processes: 16
*** processing capacity: 19.2 GHz.

Master node name: Mst0

Enter angle(deg.):

0
```

144

9.3 MPI 版 tangent(x) のテイラー級数

```
     0.0 deg. = 0.000 rads
Tangent(0.0) = 0.000

real 0m19.636s
user 0m1.180s
sys  0m0.430s
```

```
alpha@Mst0:/beta/gamma $ time mpiexec -H Mst0,Slv1,Slv2,Slv3,Slv4,Slv5,Slv6,Slv7,Slv8,
Slv9,Slv10,Slv11,Slv12,Slv13,Slv14,Slv15 MPI_tan

#####################################################

*** Number of processes: 16
*** processing capacity: 19.2 GHz.

Master node name: Mst0

Enter angle(deg.):

30

    30.0 deg. = 0.524 rads
Tangent(30.0) = 0.577

real 0m13.139s
user 0m1.360s
sys  0m0.260s
```

```
alpha@Mst0:/beta/gamma $ time mpiexec -H Mst0,Slv1,Slv2,Slv3,Slv4,Slv5,Slv6,Slv7,Slv8,
Slv9,Slv10,Slv11,Slv12,Slv13,Slv14,Slv15 MPI_tan

#####################################################

*** Number of processes: 16
*** processing capacity: 19.2 GHz.

Master node name: Mst0

Enter angle(deg.):

60

    60.0 deg. = 1.047 rads
Tangent(60.0) = 1.732

real 0m7.451s
user 0m1.250s
sys  0m0.330s
```

```
alpha@Mst0:/beta/gamma $ time mpiexec -H Mst0,Slv1,Slv2,Slv3,Slv4,Slv5,Slv6,Slv7,Slv8,
Slv9,Slv10,Slv11,Slv12,Slv13,Slv14,Slv15 MPI_tan

#####################################################

*** Number of processes: 16
```

145

第 9 章　実世界の数学アプリケーション

```
*** processing capacity: 19.2 GHz.

Master node name: Mst0

Enter angle(deg.):

90

Bad input!! Please try another angle

Enter angle(deg.):

120

     120.0 deg. = -1.047 rads
Tangent(120.0) = -1.732

real 0m17.420s
user 0m1.210s
sys  0m0.360s
```

```
alpha@Mst0:/beta/gamma $ time mpiexec -H Mst0,Slv1,Slv2,Slv3,Slv4,Slv5,Slv6,Slv7,Slv8,
Slv9,Slv10,Slv11,Slv12,Slv13,Slv14,Slv15 MPI_tan

###################################################

*** Number of processes: 16
*** processing capacity: 19.2 GHz.

Master node name: Mst0

Enter angle(deg.):

150

     150.0 deg. = -0.524 rads
Tangent(150.0) = -0.577

real 0m11.704s
user 0m1.410s
sys  0m0.370s
```

```
alpha@Mst0:/beta/gamma $ time mpiexec -H Mst0,Slv1,Slv2,Slv3,Slv4,Slv5,Slv6,Slv7,Slv8,
Slv9,Slv10,Slv11,Slv12,Slv13,Slv14,Slv15 MPI_tan

###################################################

*** Number of processes: 16
*** processing capacity: 19.2 GHz.

Master node name: Mst0

Enter angle(deg.):

180
```

```
      180.0 deg. = -0.000 rads
Tangent(180.0) = 0.000

real 0m5.871s
user 0m1.190s
sys  0m0.370s
```

```
alpha@Mst0:/beta/gamma $ time mpiexec -H Mst0,Slv1,Slv2,Slv3,Slv4,Slv5,Slv6,Slv7,Slv8,
Slv9,Slv10,Slv11,Slv12,Slv13,Slv14,Slv15 MPI_tan

####################################################

*** Number of processes: 16
*** processing capacity: 19.2 GHz.

Master node name: Mst0

Enter angle(deg.):

210

    210.0 deg. = 0.524 rads
Tangent(210.0) = 0.577

real 1m8.558s
user 0m1.190s
sys  0m0.550s
```

```
alpha@Mst0:/beta/gamma $ time mpiexec -H Mst0,Slv1,Slv2,Slv3,Slv4,Slv5,Slv6,Slv7,Slv8,
Slv9,Slv10,Slv11,Slv12,Slv13,Slv14,Slv15 MPI_tan

####################################################

*** Number of processes: 16
*** processing capacity: 19.2 GHz.

Master node name: Mst0

Enter angle(deg.):

240

    240.0 deg. = 1.047 rads
Tangent(240.0) = 1.732

real 0m22.489s
user 0m1.310s
sys  0m0.270s
```

```
alpha@Mst0:/beta/gamma $ time mpiexec -H Mst0,Slv1,Slv2,Slv3,Slv4,Slv5,Slv6,Slv7,Slv8,
Slv9,Slv10,Slv11,Slv12,Slv13,Slv14,Slv15 MPI_tan

####################################################

*** Number of processes: 16
```

第 9 章　実世界の数学アプリケーション

```
*** processing capacity: 19.2 GHz.

Master node name: Mst0

Enter angle(deg.):

270

Bad input!! Please try another angle

Enter angle(deg.):

300

    300.0 deg. = -1.047 rads
Tangent(300.0) = -1.732

real 0m15.178s
user 0m1.180s
sys  0m0.410s
```

```
alpha@Mst0:/beta/gamma $ time mpiexec -H Mst0,Slv1,Slv2,Slv3,Slv4,Slv5,Slv6,Slv7,Slv8,
Slv9,Slv10,Slv11,Slv12,Slv13,Slv14,Slv15 MPI_tan

####################################################

*** Number of processes: 16
*** processing capacity: 19.2 GHz.

Master node name: Mst0

Enter angle(deg.):

330

    330.0 deg. = -0.524 rads
Tangent(330.0) = -0.577

real 0m7.067s
user 0m1.200s
sys  0m0.370s
```

```
alpha@Mst0:/beta/gamma $ time mpiexec -H Mst0,Slv1,Slv2,Slv3,Slv4,Slv5,Slv6,Slv7,Slv8,
Slv9,Slv10,Slv11,Slv12,Slv13,Slv14,Slv15 MPI_tan

####################################################

*** Number of processes: 16
*** processing capacity: 19.2 GHz.

Master node name: Mst0

Enter angle(deg.):

360
```

148

```
    360.0 deg. = -0.000 rads
Tangent(360.0) = 0.000

real  0m6.489s
user  0m1.200s
sys   0m0.340s
```

図 9.3 は MPI 版 tangent(x) の実行をプロットしたものです．

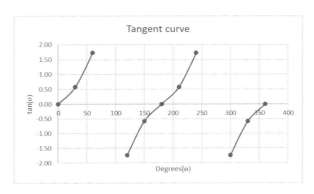

図 9.3　正接曲線

9.4 | MPI 版 ln(x) のテイラー級数

ln(x) 関数のテイラー級数の公式は，以下のとおりです．

$$\ln(x) = 2 \sum_{k=0}^{\infty} \frac{1}{2k-1} \times \left(\frac{x-1}{x+1}\right)^{2k-1}$$

プログラムの感触を得るために，逐次版の ln(x) コードを書き，コンパイルして実行します．

```
/******************************
*** 逐次版ln(x)コード ***

ln(x)のテイラー級数表現

作者：Carlos R. Morrison

日付：2017年1月10日
******************************/

#include <math.h>
#include <stdio.h>

int main(void)
{
  unsigned int n;
  unsigned long int k;
  double A,B,C;
  double sum=0;
```

第 9 章　実世界の数学アプリケーション

```c
  long int num_loops;
  float x,y;

/**********************************************************/
  printf("\n");
  printf("\n");
  printf("Enter the number of iterations:\n");
  printf("\n");
  scanf("%d",&n);
  printf("\n");
Z:printf("Enter x value:\n");
  printf("\n");
  scanf("%f",&y);

  if(y > 0.0)
  {
    x = y;
  }
  else
  {
    printf("\n");
    printf("Bad input !! Please try another value\n");
    printf("\n");
    goto Z;
  }
/**********************************************************/

  sum = 0;
  for(k = 1; k < n; k++)
  {
    A = 1.0/(double)(2*k-1);
    B = pow(((x-1)/(x+1)),(2*k-1));
    C = A*B;

    sum += C;
  }

  printf("\n");
  printf("ln(%.1f) = %.16f\n", y, 2.0*sum);
  printf("\n");

  return 0;
}
```

　次に，逐次版の ln(x) コードの MPI 版を書き，コンパイルし，16 ノードのそれぞれの 1 プロ
セッサを使用して実行します．

```
/*******************************
*** MPI版ln(x)コード ***

ln(x)のテイラー級数表現

作者：Carlos R. Morrison

日付：2017年1月10日
*******************************/
```

150

9.4　MPI 版 ln(x) のテイラー級数

```c
#include<mpi.h>
#include<math.h>
#include<stdio.h>

int main(int argc, char* argv[])
{
/*************************************************************/
  long long int total_iter;
  unsigned int n;
  unsigned long int k;
  int rank,length,numprocs,i;
  float x,y;
  double sum,sum0,A,C,B,rank_sum;
  char hostname[MPI_MAX_PROCESSOR_NAME];

  MPI_Init(&argc, &argv);                     // MPIの初期化
  MPI_Comm_size(MPI_COMM_WORLD, &numprocs);   // プロセス数の取得
  MPI_Comm_rank(MPI_COMM_WORLD, &rank);       // 現在のプロセスIDの取得
  MPI_Get_processor_name(hostname, &length);  // ホスト名の取得
/*************************************************************/

  if(rank == 0)
  {
    printf("\n");
    printf("####################################################");
    printf("\n\n");
    printf("*** Number of processes: %d\n",numprocs);
    printf("*** processing capacity: %.1f GHz.\n",numprocs*1.2);
    printf("\n\n");
    printf("Master node name: %s\n", hostname);
    printf("\n");
    printf("\n");
    printf("Enter the number of iterations:\n");
    printf("\n");
    scanf("%d",&n);
    printf("\n");
  Z:printf("Enter x value:\n");
    printf("\n");
    scanf("%f",&y);

    if(y > 0.0)
    {
      x = y;
    }
    else
    {
      printf("\n");
      printf("Bad input !! Please try another value\n");
      printf("\n");
      goto Z;
    }
  } // if(rank == 0) の終了

// 入力項目n, xをすべてのプロセスにブロードキャストする
  MPI_Bcast(&n, 1, MPI_INT, 0, MPI_COMM_WORLD);
  MPI_Bcast(&x, 1, MPI_INT, 0, MPI_COMM_WORLD);
```

第9章　実世界の数学アプリケーション

```c
// 以下のループは，繰り返しの最大数を増やすことでプロセッサの計算速度を
// テストする追加作業を提供する
// for(total_iter = 1; total_iter < n; total_iter++)
  {
    sum0 = 0.0;
//  for(i = rank + 1; i <= total_iter; i += numprocs)
    for(i = rank + 1; i <= n; i += numprocs)
    {
      k = i;

      A = 1.0/(double)(2*k-1);
      B = pow(((x-1)/(x+1)),(2*k-1));
      C = A*B;

      sum0 += C;
    }

    rank_sum = sum0; // 与えられたランク（識別番号）に対する部分和

//  部分和sum0の値をすべてのプロセスから集めて足す
    MPI_Reduce(&rank_sum, &sum, 1, MPI_DOUBLE,MPI_SUM, 0, MPI_COMM_WORLD);
  } // for(total_iter = 1; total_iter < n; total_iter++) の終了

  if(rank == 0)
  {
    printf("\n");
    printf("ln(%.1f) = %.16f\n", y, 2.0*sum);
    printf("\n");
  }

// クリーンアップ，MPIの終了
  MPI_Finalize();

  return 0;
} // int main(int argc, char*argv[]) の終了
```

MPI 版 ln(x) の実行結果を見てみましょう．

```
alpha@Mst0:/beta/gamma $ time mpiexec -H Mst0,Slv1,Slv2,Slv3,Slv4,Slv5,Slv6,Slv7,Slv8,
Slv9,Slv10,Slv11,Slv12,Slv13,Slv14,Slv15 MPI_ln

####################################################

*** Number of processes: 16
*** processing capacity: 19.2 GHz.

Master node name: Mst0

Enter the number of iterations:

500000

Enter x value:

0.5
```

152

```
ln(0.5) = -0.6931472029116872

real  0m16.654s
user  0m1.300s
sys   0m0.300s
```

```
alpha@Mst0:/beta/gamma $ time mpiexec -H Mst0,Slv1,Slv2,Slv3,Slv4,Slv5,Slv6,Slv7,Slv8,
 Slv9,Slv10,Slv11,Slv12,Slv13,Slv14,Slv15 MPI_ln

######################################################

*** Number of processes: 16
*** processing capacity: 19.2 GHz.

Master node name: Mst0

Enter the number of iterations:

500000

Enter x value:

1.0

ln(1.0) = 0.0000000000000000

real 0m12.230s
user 0m1.220s
sys  0m0.370s
```

```
alpha@Mst0:/beta/gamma $ time mpiexec -H Mst0,Slv1,Slv2,Slv3,Slv4,Slv5,Slv6,Slv7,Slv8,
Slv9,Slv10,Slv11,Slv12,Slv13,Slv14,Slv15 MPI_ln

######################################################

*** Number of processes: 16
*** processing capacity: 19.2 GHz.

Master node name: Mst0

Enter the number of iterations:

500000

Enter x value:

3

ln(3.0) = 1.0986122886681096

real 0m14.623s
user 0m1.350s
sys  0m0.230s
```

第 9 章　実世界の数学アプリケーション

```
alpha@Mst0:/beta/gamma $ time mpiexec -H Mst0,Slv1,Slv2,Slv3,Slv4,Slv5,Slv6,Slv7,Slv8,
Slv9,Slv10,Slv11,Slv12,Slv13,Slv14,Slv15 MPI_ln

####################################################

*** Number of processes: 16
*** processing capacity: 19.2 GHz.

Master node name: Mst0

Enter the number of iterations:

500000

Enter x value:

5

ln(5.0) = 1.6094379839596757

real  0m15.789s
user  0m1.350s
sys   0m0.310s
```

```
alpha@Mst0:/beta/gamma $ time mpiexec -H Mst0,Slv1,Slv2,Slv3,Slv4,Slv5,Slv6,Slv7,Slv8,
Slv9,Slv10,Slv11,Slv12,Slv13,Slv14,Slv15 MPI_ln

####################################################

*** Number of processes: 16
*** processing capacity: 19.2 GHz.

Master node name: Mst0

Enter the number of iterations:

500000

Enter x value:

7

ln(7.0) = 1.9459101490553135

real  0m13.423s
user  0m1.450s
sys   0m0.370s
```

```
alpha@Mst0:/beta/gamma $ time mpiexec -H Mst0,Slv1,Slv2,Slv3,Slv4,Slv5,Slv6,Slv7,Slv8,
Slv9,Slv10,Slv11,Slv12,Slv13,Slv14,Slv15 MPI_ln

####################################################

*** Number of processes: 16
*** processing capacity: 19.2 GHz.

Master node name: Mst0
```

154

9.4 MPI 版 ln(x) のテイラー級数

```
Enter the number of iterations:

500000

Enter x value:

10

ln(10.0) = 2.3025850602114915

real  0m13.351s
user  0m1.300s
sys   0m0.420s
```

```
alpha@Mst0:/beta/gamma $ time mpiexec -H Mst0,Slv1,Slv2,Slv3,Slv4,Slv5,Slv6,Slv7,Slv8,
Slv9,Slv10,Slv11,Slv12,Slv13,Slv14,Slv15 MPI_ln

####################################################

*** Number of processes: 16
*** processing capacity: 19.2 GHz.

Master node name: Mst0

Enter the number of iterations:

500000

Enter x value:

15

ln(15.0) = 2.7080502011022105

real  0m15.841s
user  0m1.280s
sys   0m0.410s
```

```
alpha@Mst0:/beta/gamma $ time mpiexec -H Mst0,Slv1,Slv2,Slv3,Slv4,Slv5,Slv6,Slv7,Slv8,
Slv9,Slv10,Slv11,Slv12,Slv13,Slv14,Slv15 MPI_ln

####################################################

*** Number of processes: 16
*** processing capacity: 19.2 GHz.

Master node name: Mst0

Enter the number of iterations:

500000

Enter x value:

20
```

155

第 9 章　実世界の数学アプリケーション

```
ln(20.0) = 2.9957323361388699

real 0m15.444s
user 0m1.250s
sys  0m0.370s
```

```
alpha@Mst0:/beta/gamma $ time mpiexec -H Mst0,Slv1,Slv2,Slv3,Slv4,Slv5,Slv6,Slv7,Slv8,
Slv9,Slv10,Slv11,Slv12,Slv13,Slv14,Slv15 MPI_ln

####################################################

*** Number of processes: 16
*** processing capacity: 19.2 GHz.

Master node name: Mst0

Enter the number of iterations:

500000

Enter x value:

25

ln(25.0) = 3.2188758868570337

real 0m18.145s
user 0m1.330s
sys  0m0.280s
```

```
alpha@Mst0:/beta/gamma $ time mpiexec -H Mst0,Slv1,Slv2,Slv3,Slv4,Slv5,Slv6,Slv7,Slv8,
Slv9,Slv10,Slv11,Slv12,Slv13,Slv14,Slv15 MPI_ln

####################################################

*** Number of processes: 16
*** processing capacity: 19.2 GHz.

Master node name: Mst0

Enter the number of iterations:

500000

Enter x value:

30

ln(30.0) = 3.4011974124578881

real 0m15.000s
user 0m1.270s
sys  0m0.360s
```

156

図 9.4 は MPI 版 `ln(x)` の実行をプロットしたものです．

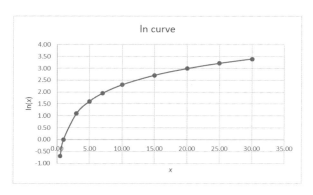

図 9.4　自然対数曲線

9.5　まとめ

本章では，逐次版・MPI 版の正弦関数，余弦関数，正接関数，自然対数関数のテイラー展開のコードを書いて実行する方法を学びました．

第10章

実世界の物理アプリケーション

この章では，振動弦の並行波動コード（MPI 版）を取り上げます．これは 2 点間通信の例で，読者の Pi の良い練習試合になるでしょう．

本章では，以下を学びます．

- 振動弦の波の MPI コードを書いて実行する方法

10.1 MPI 版並行波動方程式とコード

本章で示す MPI 版並行波動方程式のコードは，ローレンス・リバモア国立研究所のブレイズ・バーニー（Blaise Barney）から借用し，著者が 64 コアの Pi3 スーパーコンピュータ上に実装したプログラムです．コードは基本的に 1 次元波動方程式を解くもので，以下のような形式をしています．

$$A(i, t + 1) = (2.0 * A(i, t)) - A(i, t - 1) + (c * (A(i - 1, t) - (2.0 * A(i, t)) + A(i + 1, t)))$$

詳細な説明と手順については http://www.robopgmr.com/?p=2780 を参照してください．

さらに，コードは上記の振動弦を長さに沿って複数ポイント（このわずかに修正された版のコードでは 100 ポイント）に離散化し，最初に入力したタイムステップ値（このコードの実行では 5）ごとにこれらのポイントの振幅を計算し，結果を表示します．著者はポイントでの振幅を生成するのに，Pi3 の 64 コアすべてを使用しました．

 コードは，まず著者のメイン PC で開発・デバッグし，次に，.c ファイルを Pi3 スーパークラスタのマスターノードに SFTP して，エクスポートした gamma ディレクトリでコンパイルしました．本書で提供しているコードファイルは，BK_wave4.c という名前です[*1]．

[*1] 訳注：draw_wave.c は https://computing.llnl.gov/tutorials/mpi/samples/C/draw_wave.c から入手できます．ここでは draw_wave() の呼び出しはコメントアウトしていて使われていません．

10.1 MPI 版並行波動方程式とコード

マスターノードで以下に示す並行波動コードを書き，コンパイルし，実行します．

```c
/*****************************************************************************
 ファイル：mpi_wave.c
 他のファイル：draw_wave.c
 概要：
   MPI版並行波動方程式 – C言語版
   2点間通信の例
   本プログラムは，Foxらによる『Solving Problems on Concurrent Processors』
   第1巻の第5章に掲載されている並行波動方程式を実装しています.
   振動弦はポイントに分解されます.
   各プロセッサは，多数のポイントの振幅を徐々に更新します.
   繰り返しのたびに，各プロセッサは最近隣のプロセッサと境界ポイントをやりとりします.
   この版では，境界ポイントをやりとりするのに低水準の送信・受信を使用します.
 作者：Blaise Barney. 出典：Ros Leibensperger（Cornell Theory Center）.
       MPI版：George L. Gusciora（MPICC）1995年1月
 最終更新：2005年7月5日
 *****************************************************************************/
#include "mpi.h"
#include <stdio.h>
#include <stdlib.h>
#include <math.h>

#define MASTER 0
#define TPOINTS 100 // 800 # 著者が変更
#define MAXSTEPS  10000
#define PI 3.14159265

int RtoL = 10;
int LtoR = 20;
int OUT1 = 30;
int OUT2 = 40;

void init_master(void);
void init_workers(void);
void init_line(void);
void update (int left, int right);
void output_master(void);
void output_workers(void);
extern void draw_wave(double *);

int taskid,              /* タスクの識別子 */
    numtasks,            /* プロセス数 */
    nsteps,              /* 時間ステップ数 */
    npoints,             /* このプロセッサで扱うポイント数 */
    first;               /* このプロセッサで扱う最初のポイントのインデックス */
double etime,            /* 経過時間（秒） */
    values[TPOINTS+2],   /* 時間tでの値 */
    oldval[TPOINTS+2],   /* 時間(t-dt)での値 */
    newval[TPOINTS+2];   /* 時間(t+dt)での値 */

/* ----------------------------------------------------------------------- *
     マスターはユーザーが入力した時間ステップの値を取得し，ブロードキャストする
   ----------------------------------------------------------------------- */
void init_master(void)
{
  char tchar[8];
```

159

第 10 章　実世界の物理アプリケーション

```c
/* 時間ステップの数を設定し，表示した後にブロードキャストする */
  nsteps = 0;
  while ((nsteps < 1) || (nsteps > MAXSTEPS))
  {
    printf("\n");
    printf("Enter number of time steps (1-%d): \n",MAXSTEPS);
    scanf("%s", tchar);
    nsteps = atoi(tchar);
    if((nsteps < 1) || (nsteps > MAXSTEPS))
      {
        printf("Enter value between 1 and %d\n", MAXSTEPS);
      }
  }
  MPI_Bcast(&nsteps, 1, MPI_INT, MASTER, MPI_COMM_WORLD);
} // void init_master(void) の終了

/* ------------------------------------------------------------------- *
    ワーカーはマスターから入力された時間ステップの値を受け取る
   ------------------------------------------------------------------- */
void init_workers(void)
{
  MPI_Bcast(&nsteps, 1, MPI_INT, MASTER, MPI_COMM_WORLD);
}

/* ------------------------------------------------------------------- *
    すべてのプロセスが曲線上のポイントを初期化する
   ------------------------------------------------------------------- */
void init_line(void)
{
  int nmin, nleft, npts, i, j, k;
  double x, fac;

  /* 正弦曲線に基づいて初期値を算出 */
  nmin = TPOINTS/numtasks;
  nleft = TPOINTS%numtasks;
  fac = 2.0 * PI;
  for(i = 0, k = 0; i < numtasks; i++)
  {
    npts = (i < nleft) ? nmin + 1 : nmin;
    if(taskid == i)
    {
      first = k + 1;
      npoints = npts;
      printf("task=%3d  first point=%5d  npoints=%4d\n", taskid, first, npts);
      for(j = 1; j <= npts; j++, k++)
      {
        x = (double)k/(double)(TPOINTS - 1);
        values[j] = sin (fac * x);
      }
    }
    else k += npts;
  }
  for(i = 1; i <= npoints; i++)
  {
    oldval[i] = values[i];
  }
} // void init_line(void) の終了
```

10.1 MPI版並行波動方程式とコード

```c
/* -----------------------------------------------------------------------  *
    すべてのプロセスが自身の持つポイントを指定した回数だけ更新する
   -----------------------------------------------------------------------  */
void update(int left, int right)
{
  int i, j;
  double dtime, c, dx, tau, sqtau;
  MPI_Status status;

  dtime = 0.3;
  c = 1.0;
  dx = 1.0;
  tau = (c * dtime / dx);
  sqtau = tau * tau;

/* 弦に沿って各ポイントの値を更新 */
  for(i = 1; i <= nsteps; i++)
  {
    /* 左隣とデータを交換 */
    if(first != 1)
     {
       MPI_Send(&values[1], 1, MPI_DOUBLE, left, RtoL, MPI_COMM_WORLD);
       MPI_Recv(&values[0], 1, MPI_DOUBLE, left, LtoR, MPI_COMM_WORLD, &status);
     }
     /* 右隣とデータを交換 */
     if(first + npoints -1 != TPOINTS)
     {
       MPI_Send(&values[npoints], 1, MPI_DOUBLE, right, LtoR, MPI_COMM_WORLD);
       MPI_Recv(&values[npoints+1], 1, MPI_DOUBLE, right, RtoL, MPI_COMM_WORLD,
               &status);
     }
     /* 線に沿ってポイントを更新する */
     for(j = 1; j <= npoints; j++)
     {
       /* 全体での終点 */
       if((first + j - 1 == 1) || (first + j - 1 == TPOINTS))
           newval[j] = 0.0;
       else
       /* ポイントを更新するのに波動方程式を使用 */
           newval[j] = (2.0 * values[j]) - oldval[j]
           + (sqtau * (values[j-1] - (2.0 * values[j]) + values[j+1]));
     } // for(j = 1; j <= npoints; j++) の終了
     for(j = 1; j <= npoints; j++)
     {
       oldval[j] = values[j];
       values[j] = newval[j];
     }
  } // for(i = 1; i <= nsteps; i++) の終了
} // void update(int left, int right) の終了


/* -----------------------------------------------------------------  *
    マスターがワーカーから結果を受け取り表示する
   -----------------------------------------------------------------  */
void output_master(void)
{
  int i, j, source, start, npts, buffer[2];
```

第 10 章　実世界の物理アプリケーション

```c
  double results[TPOINTS];
  MPI_Status status;

/* 配列resultsにワーカーから受け取った結果を格納 */
  for(i = 1; i < numtasks; i++)
  {
/* 開始ポイント，ポイント数，結果を受け取る */
    MPI_Recv(buffer, 2, MPI_INT, i, OUT1, MPI_COMM_WORLD, &status);
    start = buffer[0];
    npts = buffer[1];
    MPI_Recv(&results[start-1], npts, MPI_DOUBLE, i, OUT2, MPI_COMM_WORLD, &status);
  }
/* 配列resultsにマスターの結果を格納 */
  for(i = first; i < first + npoints; i++)
  {
    results[i-1] = values[i];
  }
  j = 0;
  printf("***************************************************************\n");
  printf("Final amplitude values for all points after %d steps:\n",nsteps);
  for(i = 0; i < TPOINTS; i++)
  {
    printf("%6.2f ", results[i]);
    j = j++;
    if(j == 10)
    {
      printf("\n");
      j = 0;
    }
  }
  printf("***************************************************************\n");
  printf("\nDrawing graph...\n");
  printf("Click the EXIT button or use CTRL-C to quit\n");

/* draw_waveルーチンで結果を描画する */
//  draw_wave(&results[0]); //                       <===================>
} // void output_master(void) の終了


/* ---------------------------------------------------------------------- *
     ワーカーがマスターに更新した値を送る
   ---------------------------------------------------------------------- */
void output_workers(void)
{
  int buffer[2];
  MPI_Status status;

/* マスターに開始ポイント，ポイント数，結果を送る */
  buffer[0] = first;
  buffer[1] = npoints;
  MPI_Send(&buffer, 2, MPI_INT, MASTER, OUT1, MPI_COMM_WORLD);
  MPI_Send(&values[1], npoints, MPI_DOUBLE, MASTER, OUT2, MPI_COMM_WORLD);
} // void output_workers(void) の終了


/* ---------------------------------------------------------------------- *
     メインプログラム
   ---------------------------------------------------------------------- */
int main (int argc, char *argv[])
```

162

```c
{
  int left, right, rc;

  /* MPIの初期化 */
  MPI_Init(&argc,&argv);
  MPI_Comm_rank(MPI_COMM_WORLD,&taskid);
  MPI_Comm_size(MPI_COMM_WORLD,&numtasks);
  if(numtasks < 2)
  {
    printf("ERROR: Number of MPI tasks set to %d\n",numtasks);
    printf("Need at least 2 tasks!  Quitting...\n");
    MPI_Abort(MPI_COMM_WORLD, rc);
    exit(0);
  }

/* 左隣・右隣を決める */
  if(taskid == numtasks-1)
  {
    right = 0;
  }
  else
  {
    right = taskid + 1;
  }
  if(taskid == 0)
  {
    left = numtasks - 1;
  }
  else
  {
    left = taskid - 1;
  }
/* プログラムの設定値を取得し，波動方程式の値を初期化する */
  if(taskid == MASTER)
  {
    printf("\n");
    printf ("Starting mpi_wave using %d tasks.\n", numtasks);
    printf ("Using %d points on the vibrating string.\n", TPOINTS);
    init_master();
  }
  else
  {
    init_workers();
  }
  init_line();

/* 時間ステップnstepに対して線に沿って値を更新する */
  update(left, right);

/* マスターがワーカーから結果を集めて表示する */
  if(taskid == MASTER)
  {
    output_master();
  }
  else
  {
    output_workers();
```

第 10 章　実世界の物理アプリケーション

```
  }
  MPI_Finalize();
  return 0;
} // int main (int argc, char *argv[]) の終了
```

MPI 版の並行波動の実行結果を見てみましょう．

```
alpha@Mst0:/beta/gamma $ time mpiexec -H Mst0,Mst0,Mst0,Mst0,Slv1,Slv1,Slv1,Slv1,Slv2,
Slv2,Slv2,Slv2,Slv3,Slv3,Slv3,Slv3,Slv4,Slv4,Slv4,Slv4,Slv5,Slv5,Slv5,Slv5,Slv6,Slv6,
Slv6,Slv6,Slv7,Slv7,Slv7,Slv7,Slv8,Slv8,Slv8,Slv8,Slv9,Slv9,Slv9,Slv9,Slv10,Slv10,
Slv10,Slv10,Slv11,Slv11,Slv11,Slv11,Slv12,Slv12,Slv12,Slv12,Slv13,Slv13,Slv13,Slv13,
Slv14,Slv14,Slv14,Slv14,Slv15,Slv15,Slv15,Slv15 BK_wave4

Starting mpi_wave using 64 tasks.
Using 100 points on the vibrating string.
Enter number of time steps (1-10000):
5
task= 3 first point= 7 npoints= 2
task= 0 first point= 1 npoints= 2
task= 1 first point= 3 npoints= 2
task= 2 first point= 5 npoints= 2
task= 9 first point= 19 npoints= 2
task= 33 first point= 67 npoints= 2
task= 53 first point= 90 npoints= 1
task= 57 first point= 94 npoints= 1
task= 29 first point= 59 npoints= 2
task= 21 first point= 43 npoints= 2
task= 37 first point= 74 npoints= 1
task= 41 first point= 78 npoints= 1
task= 13 first point= 27 npoints= 2
task= 51 first point= 88 npoints= 1
task= 5 first point= 11 npoints= 2
task= 45 first point= 82 npoints= 1
task= 25 first point= 51 npoints= 2
task= 19 first point= 39 npoints= 2
task= 11 first point= 23 npoints= 2
task= 35 first point= 71 npoints= 2
task= 38 first point= 75 npoints= 1
task= 61 first point= 98 npoints= 1
task= 43 first point= 80 npoints= 1
task= 50 first point= 87 npoints= 1
task= 18 first point= 37 npoints= 2
task= 34 first point= 69 npoints= 2
task= 40 first point= 77 npoints= 1
task= 48 first point= 85 npoints= 1
task= 6 first point= 13 npoints= 2
task= 16 first point= 33 npoints= 2
task= 8 first point= 17 npoints= 2
task= 10 first point= 21 npoints= 2
task= 32 first point= 65 npoints= 2
task= 59 first point= 96 npoints= 1
task= 36 first point= 73 npoints= 1
task= 49 first point= 86 npoints= 1
task= 4 first point= 9 npoints= 2
task= 17 first point= 35 npoints= 2
```

```
task= 27 first point= 55 npoints= 2
task= 42 first point= 79 npoints= 1
task= 24 first point= 49 npoints= 2
task= 14 first point= 29 npoints= 2
task= 46 first point= 83 npoints= 1
task= 56 first point= 93 npoints= 1
task= 26 first point= 53 npoints= 2
task= 20 first point= 41 npoints= 2
task= 58 first point= 95 npoints= 1
task= 22 first point= 45 npoints= 2
task= 39 first point= 76 npoints= 1
task= 54 first point= 91 npoints= 1
task= 7 first point= 15 npoints= 2
task= 62 first point= 99 npoints= 1
task= 30 first point= 61 npoints= 2
task= 44 first point= 81 npoints= 1
task= 52 first point= 89 npoints= 1
task= 12 first point= 25 npoints= 2
task= 15 first point= 31 npoints= 2
task= 47 first point= 84 npoints= 1
task= 23 first point= 47 npoints= 2
task= 55 first point= 92 npoints= 1
task= 28 first point= 57 npoints= 2
task= 31 first point= 63 npoints= 2
task= 63 first point= 100 npoints= 1
task= 60 first point= 97 npoints= 1
********************************************************************
```

すべてのポイントの 5 ステップ後の最終的な振幅の値は，以下のとおりです．

```
0.00 0.06 0.13 0.19 0.25 0.31 0.37 0.43 0.48 0.54 0.59 0.64 0.69 0.73 0.77
0.81 0.85 0.88 0.90 0.93 0.95 0.97 0.98 0.99 0.99 0.99 0.99 0.98 0.97 0.96
0.94 0.92 0.89 0.86 0.83 0.79 0.75 0.71 0.66 0.61 0.56 0.51 0.46 0.40 0.34
0.28 0.22 0.16 0.09 0.03 -0.03 -0.09 -0.16 -0.22 -0.28 -0.34 -0.40 -0.46
-0.51 -0.56 -0.61 -0.66 -0.71 -0.75 -0.79 -0.83 -0.86 -0.89 -0.92 -0.94
-0.96 -0.97 -0.98 -0.99 -0.99 -0.99 -0.99 -0.98 -0.97 -0.95 -0.93 -0.90
-0.88 -0.85 -0.81 -0.77 -0.73 -0.69 -0.64 -0.59 -0.54 -0.48 -0.43 -0.37
-0.31 -0.25 -0.19 -0.13 -0.06 0.00
********************************************************************
```

実行を終了するには，Ctrl+‘C’ キーを使います．

```
real 0m4.201s
user 0m4.960s
sys  0m5.090s
alpha@Mst0:/beta/gamma $
```

図 10.1 は，並行波動実行データをプロットしたものです．

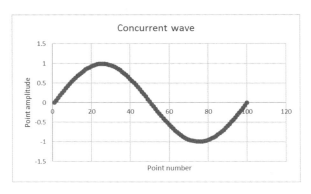

図 10.1　離散化並行波動方程式

10.2 まとめ

本章では，弦の振動運動をモデル化する MPI 版並行波動関数のコードを書いて実行する方法を学びました．

第11章

実世界の工学アプリケーション

　本章では，のこぎり波信号や曲線を生成するコードを取り上げます．これらの波形は，科学実験室や教科書でよく見かけるオシロスコープに表示されるものです．

　本章では，以下を学びます．

- のこぎり波信号のフーリエ級数の逐次版コードと，MPI版コードを書き，実行する方法

11.1 │ MPI版のこぎり波信号のフーリエ級数

　まず，逐次版ののこぎり波フーリエ級数コードを書いて実行することで目的の信号を生成し，その後，MPIの手法を以下ののこぎり波フーリエ級数の公式に適用します．

$$\text{sawtooth}(x) = 振幅 \times \left[\frac{1}{2} - \frac{1}{\pi} \sum_{k=1}^{\infty} \frac{1}{k} \sin(k\theta) \right]$$

　逐次版の sawtooth(x) コードを以下に示します．プログラムの感触を得るために，マスターノードでこの逐次版の sawtooth(x) コードを書き，コンパイルして実行します．

```
/*********************************
 *** 逐次版sawtooth(x)コード ***

sawtooth(x)のフーリエ級数表現

作者：Carlos R. Morrison

日付：2017年2月12日
********************************/
#include <math.h>   // 数学ライブラリ
#include <stdio.h>  // 標準入出力ライブラリ

int main(void)
{
  int j;
```

167

第 11 章　実世界の工学アプリケーション

```c
unsigned long int i;
double sum0,sum1,A,B,C;
double D[100]={0},x[100]={0},d,dd=10.00,o,oo=10.0*(M_PI/180);
float Amp;
float g;
int m,n,p=36;

printf("\n");
printf("##################################################");
printf("\n\n");

printf("Enter number of iterations:\n");
scanf("%d",&n);
printf("\n");

x[0] = 0;
D[0] = 0;
o   = 0;
d   = 0;

for(j = 0; j <= p; j += 1)
{
  o += oo; // ラジアン
  d += dd; // 角度
  x[j+1] = o;
  D[j+1] = d;
}

printf("\n");
printf("Enter amplitude:\n");
scanf("%f",&Amp);
printf("\n");

printf("Enter frequency(Hz.):\n");
scanf("%f",&g);
printf("\n");

for(m = 0; m <= p; m++)
{
  sum0 = 0.0;
  for(i = 1; i <= n; i++)
  {
    A = 1.0/(double)i;
    B = sin(i*g*x[m]);

    C = A*B;

    sum0 += C; // フーリエ級数の総和要素
  } // for(i = 1; i <= n; i++) の終了

  sum1 = Amp*(0.5-(1.0/M_PI)*sum0); // のこぎり波関数
  printf("  x = %.3f rad,  Amp. = %.3f,  Deg. = %.1f\n",x[m],sum1,D[m]);
} // for(m = 1; m <= p; m++) の終了

return 0;
}
```

168

11.1 MPI版のこぎり波信号のフーリエ級数

次に，前の逐次版 sawtooth(x) コードの MPI 版を書き，コンパイルして，16 ノードの Pi3 の 64 コアすべてを利用して実行します．MPI 版の sawtooth(x) コードとその実行を以下に示します．

```
/********************************
 *** MPI版sawtooth(x)コード ***

 sawtooth(x)のフーリエ級数表現

 作者：Carlos R. Morrison

 日付：2017年2月13日
 ********************************/

#include <mpi.h>    // (Open)MPIライブラリ
#include <math.h>   // 数学ライブラリ
#include <stdio.h> // 標準入出力ライブラリ

int main(int argc, char*argv[])
{
  long long int total_iter;
  int rank,length,numprocs,j;
  unsigned long int i;
  double sum,sum0,sum1,rank_integral,A,B,C;
  double D[100]={0},sm[100]={0},d,dd=10.00,x=0.0;
  float Amp,g;
  int m=0,n,p=36;
  char hostname[MPI_MAX_PROCESSOR_NAME];

  MPI_Init(&argc, &argv);                   // MPIの初期化
  MPI_Comm_size(MPI_COMM_WORLD, &numprocs); // プロセス数の取得
  MPI_Comm_rank(MPI_COMM_WORLD, &rank);     // 現在のプロセスIDの取得
  MPI_Get_processor_name(hostname, &length); // ホスト名の取得

  if(rank == 0)
  {
    printf("\n");
    printf("####################################################");
    printf("\n\n");

    printf("*** Number of processes: %d\n",numprocs);
    printf("*** processing capacity: %.1f GHz.\n",numprocs*1.2);
    printf("\n\n");
    printf("Master node name: %s\n", hostname);
    printf("\n");

    printf("Enter number of iterations:\n");
    scanf("%d",&n);
    printf("\n");

    D[0] = 0;
    d   = 0;
    for(j = 0; j <= p; j += 1)
    {
      d += dd; // deg
      D[j+1] = d;
```

169

第 11 章　実世界の工学アプリケーション

```c
    }

    printf("Enter amplitude:\n");
    scanf("%f",&Amp);
    printf("\n");

    printf("Enter frequency:\n");
    scanf("%f",&g);
    printf("\n");
  } // if(rank == 0) の終了

// g, n, xの値をすべてのプロセスにブロードキャストする
Z:MPI_Bcast(&g, 1, MPI_INT, 0, MPI_COMM_WORLD);
  MPI_Bcast(&n, 1, MPI_INT, 0, MPI_COMM_WORLD);
  MPI_Bcast(&x, 1, MPI_INT, 0, MPI_COMM_WORLD);

// 以下のループは，繰り返しの最大数を増やすことでプロセッサの計算速度を
// テストする追加作業を提供する
// for(total_iter = 1; total_iter < n; total_iter++)
  {
    sum0 = 0.0;
//  for(i = rank + 1; i <= total_iter; i += numprocs)
    for(i = rank + 1; i <= n; i += numprocs)
    {
      A = 1.0/(double)i;
      B = sin(i*g*x);
      C = A*B;

      sum0 += C; // ==> フーリエ級数の総和要素
    } // for(i = rank + 1; i <= n; i += numprocs) の終了

    rank_integral = sum0; // 与えられたランク（識別番号）に対する部分和

// 部分和sum0の値をすべてのプロセスから集めて足す
    MPI_Reduce(&rank_integral, &sum, 1, MPI_DOUBLE,MPI_SUM, 0, MPI_COMM_WORLD);

  } // for(total_iter = 1; total_iter < n; total_iter++) の終了

  m += 1; // 角度の配列D[]用カウンタ
  if(rank == 0)
  {
    sum1 = Amp*(0.5-(1.0/M_PI)*sum); // のこぎり波関数
    printf("   x = %.3f rad,   Amp. = %.3f,   Deg. = %.1f\n",x,sum1,D[m-1]);
  } // if(rank == 0) の終了

  if(m <= p)
  {
    x += dd*(M_PI/180); // 角度（ラジアン）を加える
    goto Z;
  }

// クリーンアップ，MPIの終了
  MPI_Finalize();

  return 0;
} // int main(int argc, char*argv[]) の終了
```

170

以下に示す実行結果における信号曲線上の個々の点の値は，1,000 回の繰り返し，振幅 1，周波数 2 を用いて生成されました．読者は，繰り返し回数を変えて実行し，生成される曲線の品質がどのように変化するかを確かめるとよいでしょう．

 本書の他のコードも同様で，自由に変更して，どのような影響が生じるかを確認してください．

以下に示す MPI 版 sawtooth(x) の実行の物語は，メイン PC からコードを転送することに始まり，最終的に Pi3 スーパーコンピュータでコードを実行するという，完全なコード実行シーケンスを表現しています．この物語を順に追って，プロセス全体を確認してください．

```
carlospg@gamma:~/Desktop $ sftp pi@192.168.0.14  ➡ メインPCからファイル転送を設定
pi@192.168.0.14's password:  ➡ パスワードの入力
Connected to 192.168.0.14.
sftp> put 16_MPI_sawtooth.c  ➡ メインPCからマスターのPi3にファイルを転送
(IP address: 192.168.0.14).
Uploading 16_MPI_sawtooth.c to /home/pi/16_MPI_sawtooth.c
16_MPI_sawtooth.c 100% 3298 3.2KB/s 00:00
sftp> exit
carlospg@gamma:~/Desktop $ ssh pi@192.168.0.14  ➡ メインPCからマスターのPi3にログイン
pi@192.168.0.14's password:  ➡ パスワードの入力

The programs included with the Debian GNU/Linux system are free software;
the exact distribution terms for each program are described in the
individual files in /usr/share/doc/*/copyright.

Debian GNU/Linux comes with ABSOLUTELY NO WARRANTY, to the extent
permitted by applicable law.
Last login: Sat Apr 14 01:36:24 2018 from 192.168.0.10
pi@Mst0:~ $ su - alpha  ➡ "alpha"ユーザーへの切り替え
Password:  ➡ パスワードの入力

 * keychain 2.8.2 ~ http://www.funtoo.org
 * Found existing ssh-agent: 1649
 * Found existing gpg-agent: 1674
 * Know ssh key: /home/alpha/.ssh/id_rsa

alpha@Mst0:~ $ cd /beta/gamma  ➡ コードディレクトリ（gamma）に移動
alpha@Mst0:~ $ cp -a /home/pi/16_MPI_sawtooth.c ./  ➡ コードを"gamma"ディレクトリにコピー
alpha@Mst0:/beta/gamma $ vim 16_MPI_sawtooth.c  ➡ （任意）正しいバージョンかどうかを確認
alpha@Mst0:/beta/gamma $ mpicc 16_MPI_sawtooth.c -o 16_MPI_sawtooth -lm  ➡ コンパイル
alpha@Mst0:/beta/gamma $ time mpiexec -H Mst0,Mst0,Mst0,Mst0,Slv1,Slv1,
Slv1,Slv2,Slv2,Slv2,Slv2,Slv3,Slv3,Slv3,Slv3,Slv4,Slv4,Slv4,Slv4,Slv5,Slv5,
Slv5,Slv5,Slv6,Slv6,Slv6,Slv6,Slv7,Slv7,Slv7,Slv7,Slv8,Slv8,Slv8,Slv8,Slv9,
Slv9,Slv9,Slv9,Slv10,Slv10,Slv10,Slv10,Slv11,Slv11,Slv11,Slv11,Slv12,Slv12,
Slv12,Slv12,Slv13,Slv13,Slv13,Slv13,Slv14,Slv14,Slv14,Slv14,Slv15,Slv15,
Slv15,Slv15 16_MPI_sawtooth  ➡ 64コアで実行
```

第 11 章　実世界の工学アプリケーション

```
####################################################

*** Number of processes: 64
*** processing capacity: 76.8 GHz.

Master node name: Mst0

Enter number of iterations:
1000

Enter amplitude:
1

Enter frequency:
2
x = 0.000 rad, Amp. = 0.500, Deg. = 0.0
x = 0.175 rad, Amp. = 0.055, Deg. = 10.0
x = 0.349 rad, Amp. = 0.111, Deg. = 20.0
x = 0.524 rad, Amp. = 0.167, Deg. = 30.0
x = 0.698 rad, Amp. = 0.222, Deg. = 40.0
x = 0.873 rad, Amp. = 0.278, Deg. = 50.0
x = 1.047 rad, Amp. = 0.333, Deg. = 60.0
x = 1.222 rad, Amp. = 0.389, Deg. = 70.0
x = 1.396 rad, Amp. = 0.444, Deg. = 80.0
x = 1.571 rad, Amp. = 0.500, Deg. = 90.0
x = 1.745 rad, Amp. = 0.556, Deg. = 100.0
x = 1.920 rad, Amp. = 0.611, Deg. = 110.0
x = 2.094 rad, Amp. = 0.667, Deg. = 120.0
x = 2.269 rad, Amp. = 0.722, Deg. = 130.0
x = 2.443 rad, Amp. = 0.778, Deg. = 140.0
x = 2.618 rad, Amp. = 0.833, Deg. = 150.0
x = 2.793 rad, Amp. = 0.889, Deg. = 160.0
x = 2.967 rad, Amp. = 0.945, Deg. = 170.0
x = 3.142 rad, Amp. = 0.500, Deg. = 180.0
x = 3.316 rad, Amp. = 0.055, Deg. = 190.0
x = 3.491 rad, Amp. = 0.111, Deg. = 200.0
x = 3.665 rad, Amp. = 0.167, Deg. = 210.0
x = 3.840 rad, Amp. = 0.222, Deg. = 220.0
x = 4.014 rad, Amp. = 0.278, Deg. = 230.0
x = 4.189 rad, Amp. = 0.333, Deg. = 240.0
x = 4.363 rad, Amp. = 0.389, Deg. = 250.0
x = 4.538 rad, Amp. = 0.444, Deg. = 260.0
x = 4.712 rad, Amp. = 0.500, Deg. = 270.0
x = 4.887 rad, Amp. = 0.556, Deg. = 280.0
x = 5.061 rad, Amp. = 0.611, Deg. = 290.0
x = 5.236 rad, Amp. = 0.667, Deg. = 300.0
x = 5.411 rad, Amp. = 0.722, Deg. = 310.0
x = 5.585 rad, Amp. = 0.778, Deg. = 320.0
x = 5.760 rad, Amp. = 0.833, Deg. = 330.0
x = 5.934 rad, Amp. = 0.889, Deg. = 340.0
x = 6.109 rad, Amp. = 0.945, Deg. = 350.0
x = 6.283 rad, Amp. = 0.500, Deg. = 360.0
real    0m8.945s
user    0m11.230s
sys     0m13.310s
alpha@Mst0:/beta/gamma $
```

図 11.1 は，MPI 版のこぎり波データをプロットしたものです．

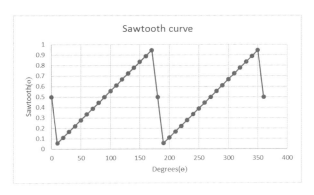

図 11.1　のこぎり波曲線

11.2　まとめ

本章では，逐次版ののこぎり波フーリエ級数コードと，その MPI 版の書き方を学びました．

付録

ラマヌジャンとチャドノフスキー兄弟による無限級数 π 方程式

　ここでは，著名なラマヌジャン（Ramanujan）とチャドノフスキー（Chudnovsky）兄弟による，高速収束する魅力的な無限級数 π 方程式を紹介します．これらの高速な π 方程式は，小数点以下 15 桁の精度の π の値を求めるのに，たかだか 2 つのループしか必要としません．チャドノフスキー兄弟の方程式はラマヌジャンの公式から導出されており，このアルゴリズムは 2009 年 12 月に 2.7 兆桁，2010 年 8 月に 5 兆桁，2011 年 10 月に 10 兆桁，2013 年 12 月に 12.1 兆桁の精度で π を計算しました．より深い歴史的な観点については，以下のリンクを参照してください．

- https://en.wikipedia.org/wiki/Chudnovsky_algorithm
- https://en.wikipedia.org/wiki/Chudnovsky_brothers
- https://en.wikipedia.org/wiki/Approximations_of_%CF%80
- https://en.wikipedia.org/wiki/Srinivasa_Ramanujan[1]
- https://en.wikipedia.org/wiki/Pi[2]
- https://en.wikipedia.org/wiki/List_of_formulae_involving_%CF%80
- https://crypto.stanford.edu/pbc/notes/pi/ramanujan.html
- https://youtu.be/ZoaEPXEcLFI

　ラマヌジャンの無限級数公式は以下のとおりです．

$$\frac{1}{\pi} = \frac{2\sqrt{2}}{9801} \sum_{k=0}^{\infty} \frac{(4k)!(1103 + 26390k)}{k!^4 396^{4k}}$$

　この式の MPI コードと実行結果を以下に示します．

```
/******************************************
*** ラマヌジャンのMPI版πコード ***

この無限級数は高速収束します．
15桁の精度に2つのループしか必要としません．

作者：Carlos R. Morrison

日付：2017年1月11日
******************************************/

#include <mpi.h>    // (Open)MPIライブラリ
```

---

[1] 訳注：https://ja.wikipedia.org/wiki/シュリニヴァーサ・ラマヌジャン
[2] 訳注：https://ja.wikipedia.org/wiki/円周率

付録

```c
#include <math.h>   // 数学ライブラリ
#include <stdio.h> // 標準入出力ライブラリ

int main(int argc, char*argv[])
{
  int total_iter;
  int n,rank,length,numprocs;
  double pi,sum,sum0,x,rank_sum,A,B,C,D,E;
  char hostname[MPI_MAX_PROCESSOR_NAME];

  unsigned long factorial(unsigned long number);
  unsigned long long i,j,k,l,m;
  double F = 2.0*sqrt(2.0)/9801.0;

  MPI_Init(&argc, &argv);                     // MPIの初期化
  MPI_Comm_size(MPI_COMM_WORLD, &numprocs); // プロセス数の取得
  MPI_Comm_rank(MPI_COMM_WORLD, &rank);       // 現在のプロセスIDの取得
  MPI_Get_processor_name(hostname, &length); // ホスト名の取得

  if(rank == 0)
  {
    printf("\n");
    printf("####################################################");
    printf("\n\n\n");
    printf("*** NUMBER OF PROCESSORS: %d\n",numprocs);
    printf("\n\n");
    printf("MASTER NODE NAME: %s\n", hostname);
    printf("\n");
    printf("Enter the number of iterations:\n");
    printf("\n");
    scanf("%d",&n);
    printf("\n");
  }

// すべてのプロセスに分割数nをブロードキャスト
  MPI_Bcast(&n, 1, MPI_INT, 0, MPI_COMM_WORLD);

// 以下のループは，繰り返しの最大数を増やすことでプロセッサの計算速度を
// テストする追加作業を提供する
//   for(total_iter = 1; total_iter < n; total_iter++)
  {
    sum0 = 0.0;
//     for(i = rank + 1; i <= total_iter; i += numprocs)
    for(i = rank + 1; i <= n; i += numprocs)
    {
      k = i-1;

      A = 1;
      for(l=1; l <= 4*k; l++) // (4*k)!
      {
        A *= l;
      }

      B = (double)(1103+26390*k);

      C = 1;
      for(m=1; m <= k; m++) // k!
```

176

```
      {
        C *= m;
      }

      D = (double)pow(396,4*k);
      E = (double)A*B/(C*D);

      sum0 += E;

    } // for(i = rank + 1; i <= total_iter; i += numprocs) の終了

    rank_sum = sum0; // 与えられたランク（識別番号）に対する部分和

//   部分和sum0の値をすべてのプロセスから集めて足す
    MPI_Reduce(&rank_sum, &sum, 1, MPI_DOUBLE,MPI_SUM, 0, MPI_COMM_WORLD);

  } // for(total_iter = 1; total_iter < n; total_iter++) の終了

  if(rank == 0)
  {
    pi = 1.0/(F*sum);
    printf("\n\n");
    printf("     Calculated pi = %.16f\n", pi);
    printf("              M_PI = %.16f\n", M_PI);
    printf("     Relative Error = %.16f\n", fabs(pi-M_PI));
    printf("\n");
  }

  // クリーンアップ，MPIの終了
  MPI_Finalize();

  return 0;
} // int main(int argc, char*argv[]) の終了
```

```
alpha@Mst0:/beta/gamma $ time mpiexec -H Mst0,Slv1,Slv2,Slv3,Slv4,Slv5,Slv6,Slv7,Slv8,
Slv9,Slv10,Slv11,Slv12,Slv13,Slv14,Slv15 Ramanujan

#####################################################

*** NUMBER OF PROCESSORS: 16

MASTER NODE NAME: Mst0

Enter the number of iterations:

2

     Calculated pi = 3.1415926535897936
              M_PI = 3.1415926535897931
     Relative Error = 0.0000000000000004

real  0m8.974s
user  0m1.200s
sys   0m0.360s
```

付録

チャドノフスキーの無限級数公式は次のとおりです.

$$\frac{1}{\pi} = \frac{12}{640320^{3/2}} \sum_{k=0}^{\infty} \frac{(6k)!(13591409 + 545140134k)}{(3k)!(k!)^3(-640320)^{3k}}$$

この式のMPIコードと実行結果を以下に示します.

```
/******************************************
*** チャドノフスキーのMPI版πコード ***

この無限級数は高速に収束します.
15桁の精度のπを求めるのに，たかだか
2つのループしか必要としません.

作者：Carlos R. Morrison

日付：2017年1月11日
*******************************************/

#include <mpi.h>    // (Open)MPIライブラリ
#include <math.h>   // 数学ライブラリ
#include <stdio.h> // 標準入出力ライブラリ

int main(int argc, char*argv[])
{
  int total_iter;
  int n,rank,length,numprocs;
  double pi;
  double sum0,x,rank_sum,A,B,C,D,E,G,H;
  double F = 12.0/pow(640320,1.5),sum;
  unsigned long long i,j,k,l,m;
  char hostname[MPI_MAX_PROCESSOR_NAME];

  MPI_Init(&argc, &argv);                      // MPIの初期化
  MPI_Comm_size(MPI_COMM_WORLD, &numprocs);  // プロセス数の取得
  MPI_Comm_rank(MPI_COMM_WORLD, &rank);      // 現在のプロセスIDの取得
  MPI_Get_processor_name(hostname, &length); // ホスト名の取得

  if(rank == 0)
  {
    printf("\n");
    printf("#################################################");
    printf("\n\n\n");
    printf("*** NUMBER OF PROCESSORS: %d\n",numprocs);
    printf("\n\n");
    printf("MASTER NODE NAME: %s\n", hostname);
    printf("\n");
    printf("Enter the number of iterations:\n");
    printf("\n");
    scanf("%d",&n);
    printf("\n");
  }

  // すべてのプロセスに分割数nをブロードキャスト
  MPI_Bcast(&n, 1, MPI_INT, 0, MPI_COMM_WORLD);
```

付録

```c
  // 以下のループは，繰り返しの最大数を増やすことでプロセッサの計算速度を
  // テストする追加作業を提供する
// for(total_iter = 1; total_iter < n; total_iter++)
  {
    sum0 = 0.0;
//  for(i = rank + 1; i <= total_iter; i += numprocs)
    for(i = rank + 1; i <= n; i += numprocs)
    {
      k = i-1;

      A = 1;
      for(j=1; j <= 6*k; j++) // (6*k)!
      {
        A *= j;
      }

      B = (double)(13591409+545140134*k);

      C = 1;
      for(l=1; l <= 3*k; l++) // k!
      {
        C *= l;
      }
      D = 1;
      for(m=1; m <= k; m++) // k!
      {
        D *= m;
      }

      E = pow(D,3); // (k!)^3
      G = (double)pow(-640320,3*k);
      H = (double)A*B/(C*E*G);

      sum0 += H;

    } // for(i = rank + 1; i <= total_iter; i += numprocs) の終了

    rank_sum = sum0; // 与えられたランク（識別番号）に対する部分和

// 部分和sum0の値をすべてのプロセスから集めて足す
    MPI_Reduce(&rank_sum, &sum, 1, MPI_DOUBLE,MPI_SUM, 0, MPI_COMM_WORLD);

  } // for(total_iter = 1; total_iter < n; total_iter++) の終了

  if(rank == 0)
  {
    printf("\n\n");
//    printf("*** Number of processes: %d\n",numprocs);
//    printf("\n\n");
    pi = 1.0/(F*sum);
    printf("    Calculated pi = %.16f\n", pi);
    printf("             M_PI = %.16f\n", M_PI);
    printf("    Relative Error = %.16f\n", fabs(pi-M_PI));
  }

  // クリーンアップ，MPIの終了
  MPI_Finalize();
```

付録

```
    return 0;
} // int main(int argc, char*argv[]) の終了
```

```
alpha@Mst0:/beta/gamma $ time mpiexec -H Mst0,Slv1,Slv2,Slv3,Slv4,Slv5,Slv6,Slv7,Slv8,
Slv9,Slv10,Slv11,Slv12,Slv13,Slv14,Slv15 Chudnovsky

####################################################

*** NUMBER OF PROCESSORS: 16

MASTER NODE NAME: Mst0

Enter the number of iterations:

2

 Calculated pi = 3.1415926535897936
         M_PI = 3.1415926535897931
Relative Error = 0.0000000000000004

real 0m5.155s
user 0m1.220s
sys  0m0.340s
alpha@Mst0:/beta/gamma $
```

では，次の公式のコードを書いて，実行しましょう．これらの中に，かなり効率的な反復回数で π の正確な値を生成するものが 1 つあります.

不明：

$$\pi = \sum_{k=0}^{\infty} \frac{8}{(4k+1)(4k+3)}$$

サイモン・プラウフ（Simon Plouffe）：

$$\pi = \sum_{k=0}^{\infty} \frac{1}{16^k} \left(\frac{4}{8k+1} - \frac{2}{8k+4} - \frac{1}{8k+5} - \frac{1}{8k+6} \right)$$

ファブリス・ベラール（Fabrice Bellard）：

$$\pi = \frac{1}{2^6} \sum_{k=0}^{\infty} \frac{(-1)^k}{2^{10k}} \left(-\frac{2^5}{4k+1} - \frac{1}{4k+3} + \frac{2^8}{10k+1} - \frac{2^6}{10k+3} - \frac{2^2}{10k+5} - \frac{2^2}{10k+7} + \frac{1}{10k+9} \right)$$

著者と査読者について

著者について

　Carlos R. Morrison は，西インド諸島にあるジャマイカの首都キングストンで生まれました．1986 年にニューヨーク州ヘムステッドにあるホフストラ大学（Hofstra University）で，数学を副専攻とした物理学士（主席）を取得し，1989 年にニューヨーク州ブルックリンにあるポリテクニック大学で物理学修士を取得しました．

　1989 年にオハイオ州クリーブランドにある NASA グレン研究センター（NASA Glenn Research Center）の固体物理学部門にスタッフサイエンティストとして参加し，1999 年には構造・力学部門に異動しました．彼は航空宇宙や電磁気装置に関する論文を書いています（共著を含む）．また，2004 R&D 100 Award[1]を受賞したモリソンモーターを含むいくつかの特許や，磁気軸受の制御に使用されるソフトウェア技術を持っています．現在は，室温超伝導リラクタンスモーターと，モリソンモーターの Simulink シミュレーションに関する研究に従事しています．

　Morrison はアメリカ物理学会とアメリカ工学学会の会員です．

査読者について

　査読者の Isaiah M. Blankson 博士は，マサチューセッツ州ケンブリッジにあるマサチューセッツ工科大学で宇宙航空学の博士号を取得した，極超音速空気力学と極超音速推進の専門家です．彼の現在の研究は，宇宙輸送機のための磁性流体力学（magneto hydrodynamics; MHD）エネルギーバイパスエンジン構想に対する計算流体力学や極超音速空気力学と極超音速推進における応用のための非平衡プラズマの利用と実験手法です．以前は，ニューヨーク州ニスカユナにある GE 社グローバルリサーチセンターの航空宇宙科学者でした．彼は，いくつかの米国特許を持っており，それには，宇宙輸送のための磁性流体力学制御ターボジェットエンジンに関するものや，外骨格ガスタービンエンジンに関するものが含まれます．多くの技術刊行物の著者であり，アメリカ航空宇宙学会（American Institute of Aeronautics and Astronautics; AIAA）のアソシエイトフェローです．2012 年に受賞した Distinguished Presidential Rank Award for Sustained Superior Accomplishment を含め，彼は長年にわたって多くの賞を受賞しています．IMB and associates, L.L.C の主任科学者として，複雑な工学問題を解くための小規模プラットフォームのスーパーコンピュータを開発しテストしています．

　彼が査読者として取り組んだ他の書籍には，2017 年に英国ケンブリッジ大学出版から出版された書籍（一部の章）や，Joseph J. S. Shang と Sergey T. Surzhikov による *Plasma Dynamics for Aerospace Engineering* があります．

---

　[1] 訳注: `https://www.rdmag.com/article/2010/08/2004-r-d-100-award-winners`

訳者あとがき

　本書は Carlos R. Morrison による *Build Supercomputers with Raspberry Pi 3*（Packt Publishing, 2017）の翻訳です．本書で使用しているすべてのコードは，共立出版ウェブサイトにある本書のページ http://www.kyoritsu-pub.co.jp/bookdetail/9784320124370 からダウンロードできます．

　訳者は，20 年あまり前に奈良先端科学技術大学院大学（NAIST）に在籍し，ワークステーションクラスタでの自動並列化コンパイラの研究をしていました．その頃は，複数台のワークステーションや PC をネットワークで接続したもの（ワークステーションクラスタ）に PVM（Parallel Virtual Machine）[1]という，本書で使用した Open MPI と同様のメッセージ通信による並列計算ライブラリを使用して，並列化をしていました．

　NAIST では学生一人一人にワークステーション（その頃は DEC Alpha でした）が割り当てられており，自分の研究のためにたくさんのマシンを必要としていた私は，同じ研究室の学生のマシンの負荷やログイン状況を観察して，空いているマシンにこっそり計算をばらまくというやり方をしていました．

　当時は，ワークステーションはもちろん，PC も現在ほど価格が安くはなく，なかなか個人でこのような環境を構築することは難しかったのですが（そもそも PC を何台も置くスペースもなかなか確保できませんし），Raspberry Pi のように安価で超小型なマシンが出てきたことで，個人でも簡単にこうしたネットワーク環境を構築できるようになりました．

　本書をきっかけに，Raspberry Pi をたくさん繋げて遊びたいと思っていただけたら幸いです．

　2018 年 3 月 14 日に，新たに Raspberry Pi3 モデル B+ が発売されました[2]．価格は Raspberry Pi3 モデル B と同じ \$35 ですが[3]，CPU が 1.2GHz から 1.4GHz に強化されたり，デュアルバンド 802.11ac（5GHz 帯）が利用できるようになったりと，さまざまな性能の向上が図られています．2018 年 5 月 17 日に，いわゆる技適を取得しており[4]，この「訳者あとがき」の執筆時点で，すでに日本でも技適取得確認済みの Raspberry Pi3 モデル B+ が購入できるようになっています．この Pi3 モデル B+ を利用してスーパーコンピュータを構築してみてはいかがでしょうか．

　本書を翻訳するにあたり，訳者がオンラインショップで揃えた部品一覧（もともと持っていたものも含みます）を次ページに挙げておきます．構築の参考にしてください．価格はすべて税込みで，購入当時の価格です．

　2018 年夏

　　　　　　　　　　　　　　　　　　　　　　　　　　　　　　　　　訳　　者

---

[1] http://www.netlib.org/pvm3/

[2] https://www.raspberrypi.org/blog/raspberry-pi-3-model-bplus-sale-now-35/

[3] 本書の著者の購入時は \$39.99 でしたが，2016 年 2 月 29 日に価格が改定されました．

[4] http://mag.switch-science.com/2018/05/18/3bplus_telec/

訳者あとがき

訳者の部品一覧

部品/購入先	単価	数量	金額
Raspberry Pi3 モデル B V1.2 (JP) https://raspberry-pi.ksyic.com/main/index/pdp.id/195/	4,320 円	8	34,560 円
Raspberry Pi シリーズ用ヒートシンク セット https://raspberry-pi.ksyic.com/main/index/pdp.id/36/	540 円	8	4,320 円
エレコム Gigabit やわらか LAN ケーブル 0.15m https://amazon.jp/dp/B00G2PY0NU	261 円	8	2,328 円
エレコム Gigabit やわらか LAN ケーブル 2m https://amazon.jp/dp/B001BY5BNU	260 円	1	260 円
Anker PowerPort 10 https://amazon.jp/dp/B00YS3ZYWY	3,799 円	1	3,799 円
積層式ケース for Raspberry Pi https://amazon.jp/dp/B01F8AHNBA	1,700 円	2	3,400 円
Rampow Micro USB ケーブル 2 本組 1.0m https://amazon.jp/dp/B075JCT5C2	799 円	4	3,196 円
シリコンパワー microSDHC カード 16GB class 10 https://amazon.jp/dp/B01MDRO8X8	980 円	8	7,840 円
ThinkPad トラックポイント・キーボード 英語 https://www3.lenovo.com/jp/ja/p/0B47190	6,804 円	1	6,804 円
HPE OfficeConnect 1910 8-PoE+ Switch JG537A#ACF https://store.shopping.yahoo.co.jp/ryouhin-store/ b00m2u9f66.html	9,886 円	1	9,886 円
FTDI chipset USB RJ45 コンソールケーブル https://amazon.jp/dp/B00JPFOTOY	1,200 円	1	1,200 円
3P → 2P 変換アダプタ https://amazon.jp/dp/B00008KEIS	381 円	1	381 円
センチュリー 8 インチ HDMI マルチモニター https://amazon.jp/dp/B00GIFJA6G	23,180 円	1	23,180 円
AmazonBasics HDMI ケーブル 0.9m https://amazon.jp/dp/B014I8SIJY	471 円	1	471 円

索引

■ A

ASIC（Accelerated Strategic Computing Initiative）10

■ B

bash ファイル　117–119

■ C

CDC（Control Data Corporation）　6
CPS（cycles per second）　48

■ F

FLOPS（floating-point operations per second）　48
Folding@home　18
for ループ構造　32–33

■ H

hosts ファイル　70, 95–96

■ L

Linux のインストール　25

■ M

MPI　3, 24
　for ループ構造　32–33
　基本のコード　28
　プログラミングのチュートリアル　3
　無制限の MPI コードロジック　119
mpiexec -H コマンド　101
MPI 版コード
　π　29–32
　オイラー　34–36
　チャドノフスキーの無限級数 π 方程式　178
　テイラー級数 cosine(x) 関数
　　書く　132–134
　　実行する　134–139
　テイラー級数 ln(x) 関数
　　書く　150–152
　　実行する　152–156
　テイラー級数 sine(x) 関数
　　書く　124–126
　　実行する　126–130
　テイラー級数 tangent(x) 関数
　　書く　142–144
　　実行する　144–149
　ニーラカンタ　40–43
　のこぎり波信号のフーリエ級数　169–173
　並行波動方程式
　　書く　159–164
　　実行する　164–165
　ライプニッツ　37–40
　ラマヌジャンの無限級数 π 方程式　175

■ P

Pi2/Pi3 コンピュータ　47
Pi2/Pi3 スーパーコンピューティング
　部品一覧　46, 183
　プロジェクト概要　49
Pi2 スーパーコンピューティング　102, 107, 110
Pi3 スーパーコンピューティング　107, 119

■ R

Raspberry Pi のウェブサイト　48

■ S

SETI@home　18

■ こ

コードの転送　56–59
固定 IP アドレスの設定
　hosts ファイル　70
　ネットワークスイッチ　63
　マスター Pi　62
コントロール・データ・コーポレーション（CDC）　6

■ さ

サイクル毎秒（CPS）　48

■ し

処理速度向上の必要性　17–19
処理速度の分析的観点　22

■ す

スーパーコンピュータの部品一覧　46, 183
スーパーコンピューティング　5
　グランドチャレンジ　18
　大課題　18
　歴史的な観点　5–17
スレーブノード
　SD カードイメージ
　　残りのスレーブ用にコピー　98
　　メイン PC にコピー　98
　SD カードの初期化　96
　準備　60

■ せ

セキュアシェル（SSH）　25, 53

■ た

多重命令多重データ（MIMD）　5
多重命令単一データ（MISD）　5
単一命令多重データ（SIMD）　5
単一命令単一データ（SISD）　5

■ ち

地球外知的生命探索（SETI）　18

逐次計算　14
逐次版コード
　π
　　書く　26
　　実行する　27
　テイラー級数 cosine(x) 関数　131
　テイラー級数 ln(x) 関数　149
　テイラー級数 sine(x) 関数　123
　テイラー級数 tangent(x) 関数　139
　のこぎり波信号のフーリエ級数　167
中央処理装置（CPU）　4
　マイクロチップ　48

■ て
ディレクトリ
　マウント可能ディレクトリ　80–87
　マウントの自動化　92–95

■ に
認証鍵
　生成　74
　転送　74

■ ね
ネットワークスイッチの固定 IP アドレス設定　63–66

■ の
ノード
　hosts ファイルの設定　95–96

■ ふ
フォン・ノイマン型アーキテクチャ　3
浮動小数点演算毎秒（FLOPS）　48
部品　50–53
　一覧　46, 183
フリンの古典的な分類法　5
プログラム内蔵型コンピュータ　3
プロセッサ　25
　技術的詳細へのアクセス　25

■ へ
並列計算　15–17
並列処理　2

■ ま
マウント
　ディレクトリのマウントの自動化　92–95
　マウント可能ディレクトリ　80–87
マスターノード
　準備　53–56
　マウント可能ディレクトリの作成　80–87

■ む
無制限の MPI コードロジック　119

■ め
メッセージパッシングインターフェース　→ MPI

■ ゆ
ユーザーの追加　72

【訳者紹介】

齊藤 哲哉（さいとう てつや）
 1999 年 奈良先端科学技術大学院大学 情報科学研究科 博士後期課程単位取得退学
 現　在 ユニアデックス株式会社 未来サービス研究所 主任研究員

Raspberry Pi でスーパーコンピュータをつくろう！ 原題：*Build Supercomputers with Raspberry Pi 3* 2018 年 8 月 25 日　初版 1 刷発行	著　者　Carlos R. Morrison（モリソン） 訳　者　齊藤哲哉　Ⓒ 2018 発　行　**共立出版株式会社**/南條光章 　　　　東京都文京区小日向 4-6-19 　　　　電話 03-3947-2511（代表） 　　　　〒112-0006/振替口座 00110-2-57035 　　　　http://www.kyoritsu-pub.co.jp/
	制　作　㈱グラベルロード
	印　刷 製　本　錦明印刷
検印廃止 NDC 007, 548.29, 548.22 ISBN 978-4-320-12437-0	一般社団法人 　　　　　自然科学書協会 　　　　　会員 Printed in Japan

─ ─

[JCOPY] ＜出版者著作権管理機構委託出版物＞
本書の無断複製は著作権法上での例外を除き禁じられています．複製される場合は，そのつど事前に，
出版者著作権管理機構（ＴＥＬ：03-3513-6969，ＦＡＸ：03-3513-6979，e-mail：info@jcopy.or.jp）の
許諾を得てください．